智能建筑综合布线技术

何福贵　张力展　编著

U0190974

机 械 工 业 出 版 社

全书分为 8 章。第 1 章为智能楼宇综合布线概述，第 2 章介绍施工工艺，第 3 章介绍综合布线系统与设计，第 4 章介绍智能安防系统的布线方法，第 5 章介绍门禁系统的布线方法，第 6 章介绍智能照明系统的布线方法，第 7 章介绍综合布线系统的验收与检测，第 8 章介绍智能建筑群网络与综合布线系统构建实例。

本书可作为高等职业院校电子信息类、自动化和计算机应用等专业的教科书，也可供从事建筑、计算机、通信和自动控制等领域工作的技术人员参考，并可作为综合布线培训教材。

图书在版编目（CIP）数据

智能建筑综合布线技术/何福贵，张力展编著 . —北京：
机械工业出版社，2018. 10
ISBN 978-7-111-60774-8

Ⅰ . ①智… Ⅱ . ①何…②张… Ⅲ . ①智能化建筑 -
布线 Ⅳ . ①TU855

中国版本图书馆 CIP 数据核字（2018）第 202931 号

机械工业出版社（北京市百万庄大街 22 号 邮政编码 100037）
策划编辑：罗 莉 责任编辑：罗 莉
责任校对：陈 越 封面设计：陈 沛
责任印制：常天培
北京富博印刷有限公司印刷
2018 年 11 月第 1 版第 1 次印刷
184mm×260mm · 9 印张 · 212 千字
0001—3000 册
标准书号：ISBN 978-7-111-60774-8
定价：45.00 元

前　言

现代经济的发展离不开信息产业的发展。楼宇智能化是信息化的重要组成部分，综合布线是智能建筑的中枢神经系统，是建筑智能化必备的基础。综合布线系统是建筑物内部以及建筑物之间的信息传输网络。系统采用高质量的标准材料，以模块化的组合方式，把语音、数据、图像系统和部分控制系统用统一的传输媒介进行综合，方便地组成一套标准、灵活、开放的传输系统。

综合布线技术经历了非结构化布线系统到结构化布线系统的过程。作为智能化楼宇的基础，综合布线系统是必不可少的，它可以满足建筑物内部及建筑物之间所有的计算机、通信以及建筑物自动化系统设备的配线要求。综合布线与传统布线相比较，有着许多优越性，主要表现在其兼容性、开放性、灵活性、可靠性、先进性和经济性等方面；而且在设计、施工和维护方面也给人们带来了许多便利。

综合布线是一种模块化的、灵活性极高的建筑物内或建筑群之间的信息传输通道。它既能使语音、数据、图像设备和交换设备与其他信息管理系统彼此相连，也能使这些设备与外部相连接。它还包括建筑物外部网络或电信线路的连接点与应用系统设备之间的所有线缆及相关的连接部件。

在教学中可选择的综合布线书籍有很多，但针对智能楼宇的不是很多，通过多年从事综合布线学科的教学，立足综合布线的先进技术和综合布线学科的特点，力求使学生掌握基本知识点。各章之间紧密联系，前后呼应，循序渐进，本书编写层次分明、内容全面、图文并茂、示例丰富、讲解由浅入深，旨在帮助读者快速掌握综合布线的方案设计。

全书取材实用性强，概念描述准确，清楚易懂，内容编排突出重点，注重理论联系实际，结合工程实例进行讲解，化抽象为具体，变零散为统一。

全书共分8章，内容概括如下：

第1章介绍了综合布线的发展过程、系统构成、主要特点、系统分类、相关标准、质量要求、线缆选择和发展趋势。

第2章介绍了线缆施工工艺，包括双绞线、光纤和同轴电缆的制作。

第3章介绍了综合布线系统与设计，包括设计步骤、常用器材和工具、六大子系统的设计。

第4章介绍了智能安防系统的布线方法，包括监控线缆布设规范、监控摄像头布设规范和注意事项。

第5章介绍门禁系统的布线方法，包括施工主要材料、工具要求、施工布线技术要求和注意事项。

第6章介绍智能照明系统的布线方法，包括照明布线、智能照明开关布线和照明控制系统的布线。

第7章介绍综合布线系统的验收与检测，包括测试类型、测试与认定、光纤测试和系统的验收。

第8章介绍智能建筑群网络与综合布线系统构建实例，包括需求分析、系统构建的主要内容和问题分析。

对在写作过程中给予帮助的朋友们，在此表示深深的谢意。由于编写时间仓促，加之作者水平有限，书中疏漏之处在所难免，望广大专家、读者提出宝贵意见，以便修订时加以改正。

作 者

目 录

第1章

智能楼宇综合布线概述

综合布线系统是指按标准的、统一的和简单的结构化方式编制和布置各种建筑物（或建筑群）内各种系统的通信线路，包括网络系统、电话系统、监控系统、电源系统和照明系统等。因此，综合布线系统是一种标准通用的信息传输系统。

综合布线系统是智能化楼宇建设数字化信息系统的基础设施，是将所有语音、数据等系统进行统一的规划设计的结构化布线系统。它能为楼宇提供信息化、智能化的物质介质，支持语音、数据、图文、多媒体等综合应用。

1.1 发展过程

综合布线的发展与建筑物自动化系统密切相关。传统布线如电话、计算机局域网都是各自独立的，各系统分别由不同的厂商设计和安装，采用不同的线缆和不同的终端插座。而且，连接这些不同布线的插头、插座及配线架大多无法互相兼容。但楼宇内的布局，特别是办公布局及环境改变的情况会经常发生，需要调整办公设备或随着新技术的发展需要更换设备时，就必须更换布线。这样因增加新电缆会留下不用的旧电缆，天长日久，将导致建筑物内有一堆堆杂乱的线缆，从而造成很大的隐患。另外，传统布线维护不便，改造也十分困难。随着人们对信息共享的需求日趋迫切，就需要一个适合信息时代的布线方案。

美国电话电报公司（AT&T）的贝尔（Bell）实验室的专家们经过多年的研究，在办公楼和工厂试验成功的基础上，于20世纪80年代末期率先推出SYSTIMATMPDS（建筑与建筑群综合布线系统），现时已推出结构化布线系统（SCS）。经中华人民共和国国家标准GB 50311—2016《综合布线系统工程设计规范》（Generic Cabling System，GCS）。

1.2 系统构成

综合布线系统满足了信息通道的要求，解决了常规布线系统存在的问题。综合布线是一个模块化、灵活性极高的建筑物内或建筑群之间的信息传输通道，是智能建筑的"信息高速公路"。它既能使语音、数据、图像设备和交换设备与其他信息管理系统彼此相连，也能使这些设备与外部通信网相连接。它包括建筑物外部网络或电信线路的连线点与应用系统设备之间的所有线缆及相关的连接部件。综合布线由不同系列和规格的部件组成，包括传输介质、相关连接硬件（如配线架、连接器、插座、插头、适配器）以及电气保护设备等。这些部件可用来构建各种子系统，它们不仅易于实施，而且能随需求的变化而平稳升级。一个设计良好的综合布线对其服务的设备应具有一定的独立性，并能互联许多不同应用系统的设备，如模拟式或数字式机的公共系统设备，也能支持图像（电视会议、监视电视等）。建筑物与建筑群综合布线结构如图 1-1 所示。

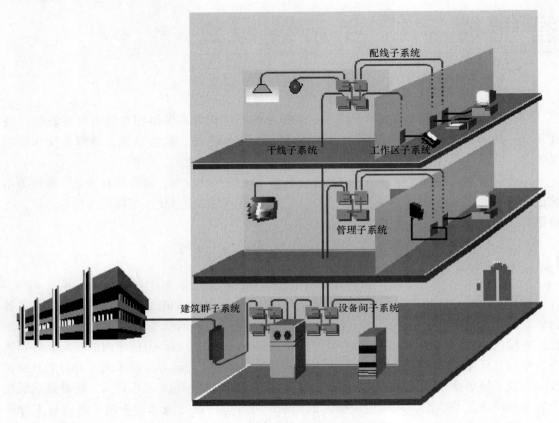

图 1-1　建筑物与建筑群综合布线结构

　　综合布线一般采用分层星形拓扑结构。结构下的每个分支子系统都是相对独立的单元，对一个分支子系统的改动不会影响到其他子系统，只要改变节点连接方式就可使综合布线在星形、总线形、环形、树形等结构之间进行转换。

1.2.1　综合布线的结构

　　综合布线采用模块化的结构。按每个模块的作用，可把综合布线划分成 6 个子系统，即设备间子系统、工作区子系统、管理区子系统、配线子系统、干线子系统和建筑群干线子系统。

　　从图中可以看出，这 6 个子系统中的每一部分都相互独立，可以单独设计、单独施工。下面简要介绍这 6 个子系统的功能。

（1）工作区子系统

工作区子系统是放置应用系统终端设备的地方，由终端设备连接到信息插座的连线（或接插软线）组成，如图1-2所示。它用接插软线在终端设备和信息插座之间搭接。它相当于电话系统中连接电话机的用户线及电话机终端部分。

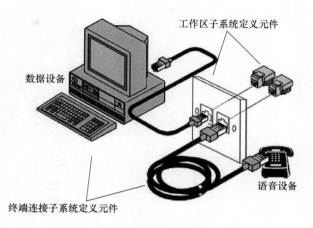

工作区子系统定义元件

数据设备

语音设备

终端连接子系统定义元件

图1-2 工作区子系统

在进行终端设备和信息插座连接时，可能需要某种电气转换装置。如适配器可用不同尺寸和类型的插头与信息插座相匹配，提供引线的重新排列，允许多对电缆分成较小的几股，使终端设备与信息插座相连接。但是，按国际布线标准 ISO/IEC 11801：1995（E）规定，这种装置并不是工作区的一部分。

（2）配线子系统

配线子系统是将干线子系统经楼层配线间的管理区连接并延伸到工作区的信息插座，如图1-3所示。配线子系统与干线子系统的区别如下：

1）配线子系统总是处在同一楼层上，线缆一端接在配线间的配线架上，另一端接在信息插座上。

2）在建筑物内，干线子系统总是位于垂直的弱电间，并采用大对数双绞电缆或光缆，而配线子系统多为4对双绞电缆。这些双绞电缆能支持大多数终端设备。在需要应用较高速的宽带时，配线子系统也可以采用"光纤到桌面"的方案。

当水平工作面积较大时，可在区域内设置二级交接间。这时干线线缆、配线线缆连接方式可采用以下两种：①干线线缆端接在楼层配线间的配线架上，配线线缆一端接在楼层配线间的配线架上，另一端通过二级交接间配线架连接后，再端接到信息插座上；②干线线缆直接接到二级交接间的配线架上，配线线缆一端接在二级交接间的配线架上，另一端接在信息插座上。

（3）干线子系统

干线子系统即设备间和楼层配线间之间的连接线缆，采用大对数双绞电缆或光缆，两端分别接在设备间和楼层配线间的配线架上，如图1-4所示。它相当于电话系统中的干线电缆。

（4）设备间子系统

设备间子系统是建筑内放置综合布线线缆和相关连接硬件及其应用系统设备的场所，如图1-5所示。为便于设备搬运，节省投资，设备间一般设在每一座大楼的第二层或第三层设备间内，可把公共系统用的各种设备（例如电信部门的中继线和公共系统设备，如PBX）互连起来。设备间还包含建筑物的入口区设备或电气保护装置及其连接到符合要求的建筑物接地点。它相当于电话系统中站内的配线设备及电缆、导线连接部分。

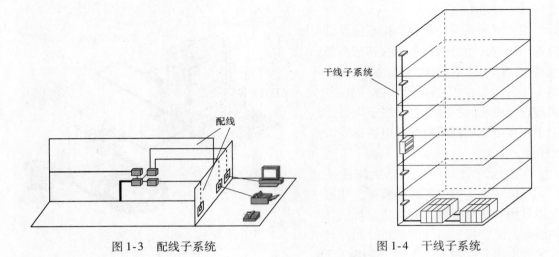

图 1-3　配线子系统　　　　　　　　　图 1-4　干线子系统

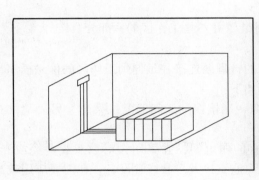

图 1-5　设备间子系统

（5）管理区子系统

管理区子系统位于配线间或设备间的配线区域，它采用交联和互联等方式，管理干线子系统和配线子系统的线缆。管理区为连通各个子系统提供连接手段，它相当于电话系统中每层配线箱或电话分线盒部分。

（6）建筑群干线子系统

建筑群由两个及两个以上建筑物组成。这些建筑物彼此之间要进行信息交流。综合布线的建筑群干线子系统由连接各建筑物之间的线缆组成。

建筑群综合布线所需的硬件，包括电缆、光缆和防止电缆的浪涌电压进入建筑物的电气保护设备。它相当于电话系统中的电缆保护箱及各建筑物之间的干线电缆。

综合布线的各子系统与应用系统的连接关系，可用图 1-6 描述。

1.2.2　智能建筑与综合布线的关系

土木建筑，百年大计，一次性的投资很大。若在资金不能到位的情况下，全面实现建筑智能化是有难度的，但是时间和机遇是不能等的。这是目前高层建筑普遍存在的一个比较突出的矛盾。综合布线是解决这一矛盾的最佳途径。

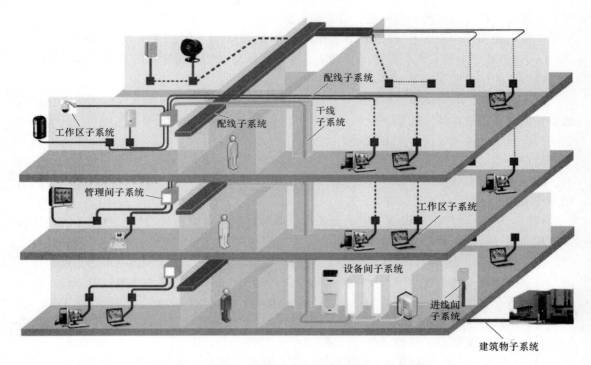

图 1-6 综合布线的各子系统与应用系统的连接关系

综合布线只是智能建筑的一部分,它犹如智能建筑内的一条高速公路,可以统一规划、统一设计,将连接线缆综合布设在建筑物内。在建筑物建设阶段,综合布线占建筑物资金总投入的3%~5%。至于楼内安装或增设什么应用系统,这就完全可以根据时间和需要、发展与可能来决定了。只要有了综合布线这条信息高速公路,想用什么应用系统,那就变得非常简单了。

1.3 主要特点

综合布线与传统布线相比较,有着许多优越性,是传统布线所无法相比的。它的特点主要表现在具有兼容性、开放性、灵活性、可靠性、先进性和经济性;而且在设计、施工和维护方面也给人们带来了许多方便。

1)兼容性:综合布线的首要特点是它的兼容性。所谓兼容性是指它自身是完全独立的,而与应用系统相对无关,可以适用于多种应用系统。过去,为一幢大楼或一个建筑群内的语音或数据线路布线时,往往是采用不同厂家生产的电缆线、配线插座以及接头等。例如用户交换机通常采用双绞线,计算机系统通常采用粗同轴电缆或细同轴电缆。这些不同的设备使用不同的配线材料,而连接这些不同配线的插头、插座及端子板也各不相同,彼此互不相容。一旦需要改变终端机或电话机位置时,就必须敷设新的线缆,以及安装新的插座和接头。

综合布线将语音、数据与监控设备的信号线经过统一的规划和设计,采用相同的传输媒体、信息插座、交接设备、适配器等,把这些不同信号综合到一套标准的布线中。由此可见，这种布线比传统布线大为简化，可节约大量的物资、时间和空间。

在使用时，用户可不用定义某个工作区的信息插座的具体应用，只把某种终端设备（如个人计算机、电话、视频设备等）插入这个信息插座，然后在管理间和设备间的交接设备上做相应的接线操作，这个终端设备就被接入到各自的系统中了。

2）开放性：对于传统的布线方式，只要用户选定了某种设备，也就选定了与之相适应的布线方式和传输媒体。如果更换另一设备，那么原来的布线就要全部更换。对于一个已经完工的建筑物，这种变化是十分困难的，要增加很多投资。

综合布线由于采用开放式体系结构，符合多种国际上现行的标准，因此它几乎对所有著名厂商的产品都是开放的，如计算机设备、交换机设备等；并对所有通信协议也是支持的，如 ISO/IEC8802-3，ISO/IEC8802-5 等。

3）灵活性：传统的布线方式是封闭的，其体系结构是固定的，若要迁移设备或增加设备是相当困难而麻烦的，甚至是不可能的。

综合布线采用标准的传输线缆和相关连接硬件进行模块化设计。因此所有通道都是通用的。每条通道可支持终端、以太网工作站及令牌环网工作站。所有设备的开通及更改均不需要改变布线，只需增减相应的应用设备以及在配线架上进行必要的跳线管理即可。另外，组网也可灵活多样，甚至在同一房间可有多用户终端、以太网工作站、令牌环网工作站并存，为用户组织信息流提供了必要条件。

4）可靠性：传统的布线方式由于各个应用系统互不兼容，因而在一个建筑物中往往要有多种布线方案。因此建筑系统的可靠性要由所选用的布线可靠性来保证，当各应用系统布线不当时，还会造成交叉干扰。

综合布线采用高品质的材料和组合压接的方式构成一套高标准的信息传输通道。所有线槽和相关连接件均通过 ISO 认证，每条通道都要采用专用仪器测试链路阻抗及衰减率，以保证其电气性能。应用系统布线全部采用点到点端接，任何一条链路故障均不影响其他链路的运行，这就为链路的运行维护及故障检修提供了方便，从而保障了应用系统的可靠运行。各应用系统往往采用相同的传输媒体，因而可互为备用，提高了备用冗余。

5）先进性：综合布线采用光纤与双绞线混合布线方式，极为合理地构成一套完整的布线。所有布线均采用世界上最新通信标准，链路均按八芯双绞线配置。5 类双绞线带宽可达 100MHz，6 类双绞线带宽可达 200MHz。对于特殊用户的需求可把光纤引到桌面（Fiber To The Desk，FTTD）。语音干线部分用铜缆，数据部分用光缆，为同时传输多路实时多媒体信息提供足够的带宽容量。

6）经济性：综合布线与传统布线相比，它具有经济性的优点，综合布线可适应相当长时间的需求，传统布线改造起来很费时间，耽误工作造成的损失更是无法用金钱来计算。

通过上面的讨论可知，综合布线较好地解决了传统布线方法存在的许多问题，随着科学技术的迅猛发展，人们对信息资源共享的要求越来越迫切，尤其以电话业务为主的通信网逐渐向综合业务数字网（ISDN）过渡，使得人们越来越重视能够同时提供语音、数据和视频传输的集成通信网。因此，综合布线取代单一、昂贵、复杂的传统布线，是"信息时代"的要求，是历史发展的必然趋势。

用户的网络系统必须具有一定的容错能力，能保证在意外情况下不中断用户的正常工作；选用的技术和设备是成熟的、标准化的；在条件允许的前提下，主干网上的各种设备应有冗余备份，机房设计要有不间断电源。

1.4 系统分类

智能建筑与智能建筑园区的工程设计，根据实际需要，可选择以下 3 种类型的综合布线系统。

1）基本型：适用于综合布线系统中配置标准较低的场合，用铜芯双绞电缆组网。基本型综合布线系统配置如下：每个工作区有一个信息插座；每个工作区的配线电缆为 1 条 4 对双绞线电缆；采用夹接式交接硬件；每个工作区的干线电缆至少有 1 对双绞线。

2）增强型：适用于综合布线系统中中等配置标准的场合，用铜芯双绞电缆组网。增强型综合布线系统配置如下：每个工作区有两个或以上信息插座；每个工作区的配线电缆为两条 4 对双绞电缆；采用夹接式或插接交接硬件；每个工作区的干线电缆至少有两对双绞线。

3）综合型：适用于综合布线系统中配置标准较高的场合，用光缆和铜芯双绞电缆混合组网。综合型综合布线系统配置应在基本型和增强型综合布线系统的基础上增设光缆系统。

综合布线的新型电缆系统分类如下：

1）超 5 类电缆系统（Cat 5E）：对现有的 5 类双绞线的部分性能加以改善后产生的新型电缆系统，不少性能参数，如近端串扰（NEXT）、衰减串扰比（ACR）等都有所提高，但其传输带宽仍为 100MHz；目前有非屏蔽线缆和屏蔽线缆两种类型。

2）6 类电缆系统（Cat 6）：一个新级别的电缆系统，除了各项性能参数都有较大提高外，其带宽将扩展至 250MHz。其实这个级别的布线系统很早就已经被提出，而且目前应用较广；有屏蔽和非屏蔽线缆。

3）6A 类电缆系统（Cat 6A）：在 6 类电缆系统之上的一种类别，除了各项性能参数都有较大提高外，其带宽将扩展至 500MHz，适用于万兆传输；目前处于发展阶段；只有屏蔽线缆，而且因为频率变高，其必须使用分对屏蔽的方式来实现。

4）7 类电缆系统：欧洲提出的一种电缆标准，其实现带宽为 600MHz，但是其连接模块的结构与目前的 RJ-45 完全不兼容；由于频率的提升所以必须在外层再加以铜网编织层；只有屏蔽线缆，以分对铝箔屏蔽加外层铜网编织层屏蔽实现。

5）7A 类电缆系统：更高等级的线缆，其实现带宽为 1000MHz，其对应连接模块的结构与目前的 RJ-45 完全不兼容，目前市面上能看到 GG45（向下兼容 RJ-45）和 Tear 模块（可完成 1200MHz 传输）；由于频率的提升所以必须在外层再加以铜网编织层；只有屏蔽线缆，以分对铝箔屏蔽加外层铜网编织层屏蔽实现。它是为 40Gbit/s 和 100Gbit/s 传输而准备的线缆。

6）8 类电缆系统：目前知道的最高等级的传输线缆，其实现带宽计划在 1500MHz。

1.5 相关标准

1. 标准概况

随着综合布线系统产品和应用技术的不断发展，与之相关的综合布线系统的国内和国际标准也更加系列化、规范化、标准化和开放化。国际标准化组织和国内标准化组织都在努力制定更新的标准以满足技术和市场的需求，标准的完善才会使市场更加规范化。

国内外起草综合布线的标准化组织机构归属于，中国工业和信息化部、中国住房和城乡建设部、ISO/IEC，北美的电信行业协会 TIA 和欧洲标准化委员会 CENELEC。

目前我国布线行业主要参照国际标准、北美标准、欧洲标准、国家标准、国内行业标准及相应的地方标准进行布线工程的整体实施。主要布线标准汇总如下：

（1）国内标准

GB 50311-2016 综合布线系统工程设计规范

GB/T 50312-2016 综合布线系统工程验收规范

YD/T 926.1-2009 大楼通信综合布线系统　第 1 部分：总规范

YD/T 926.2-2009 大楼通信综合布线系统　第 2 部分：电缆、光缆技术要求

YD/T 926.3-2009 大楼通信综合布线系统　第 3 部分：连接硬件和接插软线技术要求

（2）ISO/IEC 国际标准

ISO/IEC 11801-1-2017 信息技术　用户驻地综合布线　第 1 部分　基本要求

ISO/IEC 11801-2-2017 信息技术　用户驻地综合布线　第 2 部分　办公场所

ISO/IEC 11801-4-2017 信息技术　用户驻地综合布线　第 4 部分　单租户房子

（3）北美标准

TIA-568-C.0-2009 用户建筑群通用电信布线标准

TIA-568-C.1-2009 布线标准　第 1 部分　商用楼宇电信布线标准

TIA-568-C.2-2009 布线标准　第 2 部分　平衡双绞线电信布线和连接硬件标准

TIA-568-C.3-2008 布线标准　第 3 部分　光纤布线和连接硬件标准

TIA-568-C.4-2011 布线标准　第 4 部分　宽带同轴电缆机器组件的标准

TIA/EIA-569-292 商业大楼通信布线标准

TIA-570-C-2012 家居布线标准

TIA-1152-2009 对称双绞线的现场测试仪器和测量的要求

TIA-526-14-B-2010 多模光缆设备的光功率损耗测量

（4）欧洲标准

EN 50173 系列：信息技术-通用布线系统

EN 50173-1 信息技术-通用布线系统-第 1 部分：一般要求

EN 50173-2 信息技术-通用布线系统-第 2 部分：办公环境

EN 50173-3 信息技术-通用布线系统-第 3 部分：工业厂房

EN 50173-4 信息技术-通用布线系统-第 4 部分：住宅

EN 50173-5 信息技术-通用布线系统-第 5 部分：数据中心

EN 50173-6 信息技术-通用布线系统-第 6 部分：分布式建设服务

EN 50174 系列：信息技术-布线安装

EN 50174-1 信息技术-布线安装 第一部分安装规范和质量保证

EN 50174-2 信息技术-布线安装 第二部分建筑物内的安装规划和实践

EN 50174-3 安装技术-布线安装 第三部分建筑物外安装规划和实践

1.6 质量要求

首先，不要把厂家提供的若干年产品或系统质保当作是保证产品多少年不落后的凭证。随着人类科学技术日新月异的变化和通信技术的飞速发展，没有谁能预见到几年、十几年甚至几十年后会发生什么，也就是说，厂家的若干年质保并不保证系统不会在一段时期内过时。但用户可以放心的是，布线系统本身的一大特点就是便于扩容和升级。

布线系统本身是一种无源的物理连接系统，一旦安装完成并通过测试，一般情况下无须维护，只需要对其加以正确的管理即可，所以厂家的所谓若干年质保，主要是针对其在工程项目中所提供的全系列布线产品本身的质量而言的。对于由非人为因素造成的产品质量问题，厂家是完全负责的；而真正意义的售后服务，应该是由负责实施该项目的系统集成商来完成的。所以用户应选择品质优良的产品，通过厂家提供的正规渠道进货，并选择国内信誉好、技术水平高的系统集成商来施工，让他们在得到合理的利润后，使用户也得到这些集成商所提供的增值服务以及售后的长期服务和质保。

1.7 线缆选择

选择线缆时需要从实际应用出发，考虑未来发展的余地和投资费用，确保安装质量。

从实际应用出发是指要考虑目前用户对网络应用的要求有多高，100Mbit/s 以太网能对用户的应用需求支持多长时间，以及 1000Mbit/s 以太网是否够用。

因为网络的布线系统是一次性长期投资，考虑未来发展是指要考虑到网络的应用是否在一段时期内会有对高速网络如千兆位以太网或未来更高速网络的需求。

最后是如何保证安装的质量。除了布线系统本身的质量以外（通常由厂家来保证，而且通常不是问题的主要原因），不论是 3 类、5 类、超 5 类还是 6 类线缆，都必须经过施工安装才能完成，而施工过程对线缆的性能影响很大。即使选择了高性能的线缆，例如超 5 类或 6 类，如果施工质量粗糙，其性能可能还达不到 5 类的指标。所以，不论选择安装什么级别的线缆，最后的结果一定要达到与之相应的性能，也就是说需要对安装的线缆进行相关标准的认证测试。5 类双绞线系统已有认证标准可循，超 5 类线缆在 1998 年底就有标准出台，6 类线缆的标准目前也已正式出台。

1.8 综合布线技术的发展趋势

光纤和无线技术是未来综合布线技术的发展趋势。

（1）光纤

① 玻璃光纤。很多年以来，支持用光纤传送信息的人们都把光纤作为未来的介质，TIA/EIA 标准也把 $62.5/125\mu m$ 多模光纤作为三种推荐使用的水平介质之一。最初，无论是传输距离，还是带宽容量，它都能适应高速应用的要求，直到出现了 1000Base-T 以太网。研究表明，在短波情况下，$62.5/125\mu m$ 光纤的负载信息容量和 LED（发光二极管）电气耦合率都难以满足距离的要求。

为了满足更高的距离要求，用户必须考虑将 62.5/125μm 多模光纤换成新型 62.5/125μm 光纤或者 50/125μm 多模光纤；对于短波（SX）或长波（LX），则必须从 LED 发射器/接收器变成短波（SX）或长波（LX）的垂直腔表面发射激光器（VCSEL），或者变成单模光纤。不过，由此却带来了另一个问题，即成本的提高。有研究表明，由于光源和连接器等因素的影响，单模光纤网比多模光纤网络的成本更高出不少；而新型 62.5/125μm 光纤比单模光纤成本更高，只有新型的 1300nm VCSEL 光源可以把实际成本降低到新型多模光纤网的成本以下。

② 光纤波分复用。光纤波分复用并不是一种新型的结构化布线系统，而是用于扩展光纤数据传载容量的一种新的技术。其工作原理很好理解，即把通过光纤传载数据的激光分成不同的颜色或不同的波长，每一部分传载不连续的数据通道（现在，这项技术通道数有 1 个、2 个、4 个、8 个、16 个和 64 个。在不久的将来，通道增加到 128 个），进而实现数据传载容量的提高。这项技术最大的优点就在于，新波长的传输设备无须另购，只需在已有的连接光纤的设备上加以改进即可。这是提高带宽最简便的一种方法。

③ 塑料光纤（POF）。目前，塑料光纤主要应用于低速、短距离的传输中。与此形成鲜明对比的是，最近发展起来的分段分序技术，已把带宽提高到 3GHz/100m。对此，业界提出了一系列技术改进措施，并取得了一定的成就。例如，新近开发的单模 POF、塑料光纤中的光放大器、1550nm 低损耗的新型 POF 材料，以及更高功率、更快的光源，都使得 FDDI（光纤分布式数据接口）、ATM（异步传输模式）、ESCON（企业系统连接体系结构）、FC（光纤通道）、SONet（同步光纤网）等应用开始涉及塑料光纤领域。然而，这种介质目前还不为标准所认可，因为现在可用的技术在要求的带宽下都限制在 50m 以内。或许 5 年以后，低成本的 POF 会得到商业化的应用。究其根本，标准对其认可、对市场的接受程度是至关重要的。如果有一天在标准中对 POF 进行了认定，相信它一定能为目前那些由成本低于玻璃光纤的铜线介质支持的应用提供一个更强大的系统，并为用户提供一些他们感兴趣的中间利益。

（2）无线技术

未来将来以无线网络替代综合布线系统。对于为综合布线系统的设计、安装和维护而苦恼的人们来说，无线网络可以解决这一难题，再也不用考虑如何把电缆铺到难以到达的地方，也无须担心电缆的类型和许多其他方面的问题。但目前来说，无线技术仍存在一定的限制。尽管已有关于无线网络的标准（IEEE802.11b），但在商家眼中仍缺乏可操作性。例如，窄带网络设备需要 FCC（美国联邦通信委员会）的许可；由日光等其他光源引起的干扰，会造成非聚焦红外网络设备的不可靠运行；扩频网络设备虽然在某种程度上克服了这些难题，但相应地也会造成较低的数据传输速率……这些都限制了无线网络的发展。

第 2 章

施工工艺

在综合布线系统中，施工环节是最重要的一个环节，这个环节直接决定了综合布线的工程质量优劣，下面介绍典型的线缆的制作。

2.1 双绞线的制作

2.1.1 双绞线的定义

双绞线（Twisted Pair）是由两条相互绝缘的导线按照一定的规格互相缠绕（一般以逆时针缠绕）在一起而制成的一种通用配线，属于信息通信网络传输介质。双绞线过去主要用来传输模拟信号，但现在同样适用于数字信号的传输。

2.1.2 双绞线的基本原理

双绞线是综合布线工程中最常用的一种传输介质。

双绞线是由一对相互绝缘的金属导线绞合而成的。采用这种方式，不仅可以抵御一部分来自外界的电磁波干扰，也可以降低多对绞线之间的相互干扰。把两根绝缘的导线互相绞缠在一起，干扰信号作用在这两根导线上时，方向是一致的（这个干扰信号叫作共模信号），在接收信号的差分电路中可以将共模信号消除，从而提取出有用信号（差模信号）。

任何材质的绝缘导线绞合在一起都可以叫作双绞线，同一电缆内可以是一对或一对以上双绞线，一般由两根 22～26 号单根铜导线相互缠绕而成，也有使用多根细小铜丝制成单根绝缘线的（这与趋肤效应有关），实际使用时，双绞线由多对双绞线一起包在一个绝缘电缆套管里。典型的双绞线有一对的，有四对的，也有更多对双绞线放在一个电缆套管里，称为双绞线电缆。双绞线一个扭绞周期的长度，叫作节距，节距越小，抗干扰能力越强。

双绞线的作用是使外部干扰在两根导线上产生的噪声（在专业领域里，把无用的信号叫做噪声）相同，以便后续的差分电路提取出有用信号，差分电路是一个减法电路，两个输入端同相的信号（共模信号）相互抵消反相的信号相当于得到增强。理论上，在双绞线及差分电路中相当于干扰信号被完全消除，有用信号加倍，但在实际运行中是有一定差异的。

2.1.3 双绞线的种类

1. 按照屏蔽层的有无分类

双绞线分为屏蔽双绞线（Shielded Twisted Pair，STP）与非屏蔽双绞线（Unshielded Twisted Pair，UTP）。屏蔽双绞线在双绞线与外层绝缘封套之间有一个金属屏蔽层。屏蔽双绞线分为 STP 和 FTP（Foil Twisted-Pair），STP 指每条线都有各自的屏蔽层，而 FTP 只在整个电缆有屏蔽装置，并且两端都正确接地时才起作用。所以要求整个系统是屏蔽器件，包括电缆、信息点、水晶头和配线架等，同时建筑物需要有良好的接地系统。屏蔽层可减少辐射，防止信息被窃听，也可阻止外部电磁干扰的进入，使屏蔽双绞线比同类的非屏蔽双绞线具有更高的传输速率。非屏蔽双绞线是一种数据传输线，由 4 对不同颜色的传输线所组成，广泛用于以太网络和电话线中。非屏蔽双绞线电缆最早在 1881 年被用于贝尔发明的电话系统中。1900 年美国的电话线网络亦主要由 UTP 所组成，由电话公司所拥有。各类双绞线如图 2-1 所示。

2. 按照线径粗细分类

双绞线常见的有 3 类线、5 类线和超 5 类线，以及 6 类线和 7 类线，线径由细逐渐变粗，型号如下：

图 2-1　各类双绞线

1）1 类线（CAT1）：线缆最高频率带宽是 750kHz，用于报警系统，或只适用于语音传输（一类线标准主要用于 20 世纪 80 年代初之前的电话线缆），不适用于数据传输。

2）2 类线（CAT2）：线缆最高频率带宽是 1MHz，用于语音传输和最高传输速率 4Mbit/s 的数据传输，常见于使用 4Mbit/s 规范令牌传递协议的旧的令牌网。

3）3 类线（CAT3）：指目前在 ANSI 和 EIA/TIA568 标准中指定的电缆，该类电缆的传输频率为 16MHz，最高传输速率为 10Mbit/s，主要应用于语音、10Mbit/s 以太网（10Base-T）和 4Mbit/s 令牌环，最大网段长度为 100m，采用 RJ 形式的连接器，目前已淡出市场。

4）4 类线（CAT4）：该类电缆的传输频率为 20MHz，用于语音传输和最高传输速率 16Mbit/s（指的是 16Mbit/s 令牌环）的数据传输，主要用于基于令牌的局域网和 10Mbit/s/100Mbit/s 以太网（10Base-T/100Base-T），最大网段长度为 100m，采用 RJ 形式的连接器，未被广泛采用。

5）5 类线（CAT5）：该类电缆增加了绕线密度，外套一种高质量的绝缘材料，线缆最高频率带宽为 100MHz，最高传输速率为 100Mbit/s，用于语音传输和最高传输速率为 100Mbit/s 的数据传输，主要用于 100Base-T 和 1000Base-T 网络，最大网段长度为 100m，采用 RJ 形式的连接器。这是最常用的以太网电缆。在双绞线电缆内，不同线对具有不同的绞距长度。通常，4 对双绞线绞距周期在 38.1mm 长度内，按逆时针方向扭绞，一对线对的扭绞长度在 12.7mm 以内。

6）超 5 类线（CAT5E）：超 5 类线衰减小、串扰少，并且具有更高的衰减与串扰的比值（ACR）和信噪比（SNR）、更小的时延误差，性能得到很大提高。超 5 类线主要用于千兆位以太网（传输速率为 1000Mbit/s）。

7）6 类线（CAT6）：该类电缆的传输频率为 1～250MHz，6 类布线系统在 200MHz 时综合衰减串扰比（PS-ACR）应该有较大的余量，它提供两倍于超 5 类线的带宽。6 类线的传输性能远远高于超 5 类线标准，最适用于传输速率高于 1Gbit/s 的应用。6 类线与超 5 类线的一个重要的不同点在于：改善了在串扰以及回波损耗方面的性能，对于新一代全双工的高速网络应用而言，优良的回波损耗性能是极重要的。6 类线标准中取消了基本链路模型，布线标准采用星形拓扑结构，要求的布线距离为：永久链路的长度不能超过 90m，信道长度不能超过 100m。

8）超 6 类线（CAT6A）：此类产品传输带宽介于 6 类线和 7 类线之间，传输频率为 500MHz，传输速率为 10Gbit/s，标准外径为 6mm。目前和 7 类线产品一样，国家还没有出台正式的检测标准，只是行业中有此类产品，各厂家据实际情况宣布一个测试值。

9）7 类线（CAT7）：传输频率为 600MHz，传输速率为 10Gbit/s，单芯线标准外径为 8mm，多芯线标准外径为 6mm，可能用于今后的 10Gbit/s 以太网。

2.1.4 大对数线缆的制作

1. 拨开大对数电缆外皮

具体操作步骤如下：

利用剥线钳将大对数电缆两端外的绝缘保护套剥去（大概剥去 25cm），在剥保护套的过程中不能对线芯及绝缘层造成损伤或者破坏，如图 2-2 所示。

2. 对大对数电缆进行分类

具体操作步骤如下：

图 2-2 剥去绝缘保护套

按照对应颜色拆开 25 对双绞线，将 25 对双绞线分别拆开相同长度，然后将每根线轻轻拉直，并依照颜色排好线序（白、红、黑、黄、紫），如图 2-3 所示。

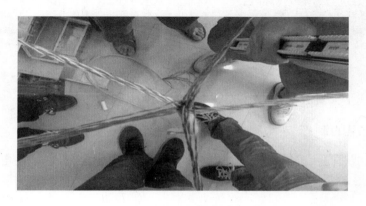

图 2-3 对大对数电缆进行分类

3. 对大对数电缆进行端接

具体实验步骤如下：

主色：白、红、黑、黄、紫；次色：蓝、橙、绿、棕、灰。

1）把25对双绞线放到线架中（注意：剥线端口放置于线架中间），然后把双绞线从左到右按如下顺序排列，如图2-4所示。

（白）白蓝、白橙、白绿、白棕、白灰；

（红）红蓝、红橙、红绿、红棕、红灰；

（黑）黑蓝、黑橙、黑绿、黑棕、黑灰；

（黄）黄蓝、黄橙、黄绿、黄棕、黄灰；

（紫）紫蓝、紫橙、紫绿、紫棕、紫灰。

图2-4　把25对双绞线放到线架

2）排完后，把模块分别打上去，然后把多余的线头用剪刀剪掉，如图2-5所示。

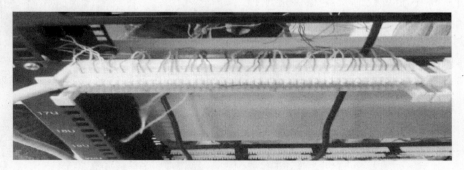

图2-5　打模块

3）最后完成了大对数电缆的排列与端接，如图2-6所示。

2.1.5　3类线缆的制作

一般的电话线都是4芯的，也有两芯的，但不经常用。信息插座中的电话模块一般是4芯的模块化插头，称为电话模块，普通电话使用中间的两芯进行通信；数字电话则需要4条线都接上。

4芯电话线的两种接线方法如下：

图 2-6 大对数电缆的排列与端接

1）A 头：黑、绿、红、黄；B 头：黑、绿、红、黄；

2）A 头：黑、绿、红、黄；B 头：黄、红、绿、黑。

采用以上两种接法时，电话线的两根线都可以接交流电，电话里面有整流器，也就是说不管这两根线怎么接，电话线之间的电流都会自动整流成直流。普通电话用两芯线即可。

下面就以 4 芯电话线当作两芯电话线来介绍电话线的制作方法（两芯电话线没有线序要求）。

1）首先将四芯电话线剥去一段护套，如图 2-7 所示。

2）取用两根单芯线，不用管线序，如图 2-8 所示。

图 2-7 剥去一段护套

图 2-8 取用两根单芯线

3）同样插进电话水晶头里，家用的一般采用两芯水晶头就可以了，这里为 4 芯水晶头，只穿中间两个孔，如图 2-9 所示。

4）用压线钳将电话线与水晶头压紧，如图 2-10 所示。

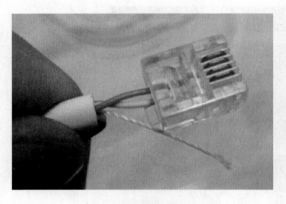

图2-9　插进水晶头里

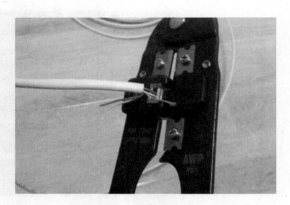

图2-10　用压线钳将电话线与水晶头压紧

5）用测线仪测试，不用管顺序，只要两对灯亮就行，错开也行，如图2-11 所示。

然后，制作完成的电话线即可投入使用了。

一般 4 根线可以同时接两部电话，电话线的布线没有线序之分，只要能保证导通即可实现电话信号的传输，将线对打在中间两个卡口上即可。

值得注意的是，如果没有专用的电话线，也可以使用网线的橙、白橙来代替电话线接入；双绞线分电话线的接法也是如此。

图2-11　用测线仪测试

2.1.6　5 类/超 5 类线缆的制作

制作 RJ-45 网线插头是组建局域网的基础技能，制作方法并不复杂。究其实质就是把双绞线的 4 对 8 芯网线按一定的规则制作到 RJ-45 插头中。所需材料为超 5 类双绞线和 RJ-45 插头，使用的工具为一把专用的网线钳。以制作最常用的遵循 T568B 标准的直通线为例，制作过程如下所述。

1）用双绞线网线钳把双绞线的一端剪齐，然后把剪齐的一端插入网线钳用于剥线的缺口中。顶住网线钳后面的挡位以后，稍微握紧网线钳慢慢旋转一圈，让刀口划开双绞线的保护胶皮并剥除外皮，如图2-12 所示，双绞线插入剥线缺口。

注意：网线钳挡位离剥线刀口长度通常恰好为水晶头长度，这样可以有效避免剥线过长或过短。如果剥线过长往往会因为网线不能被水晶头卡住而容易松动，如果剥线过短则会造成水晶头插针不能跟双绞线完好接触。

2）剥除外包皮后会看到双绞线的 4 对芯线，用户可以看到每对芯线的颜色各不相同。将绞在一起的芯线分开，按照橙白、橙、绿白、蓝、蓝白、绿、棕白、棕的颜色一字排列，并用网线钳将线的顶端剪齐，如图2-13 所示进行芯线排列。

按照上述线序排列的每条芯线分别对应 RJ-45 插头的 1、2、3、4、5、6、7、8 针脚。

图 2-12 双绞线剥线

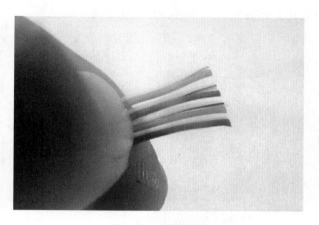

图 2-13 芯线排列

3）使 RJ-45 插头的弹簧卡朝下，然后将正确排列的双绞线插入 RJ-45 插头中。在插的时候一定要将各条芯线都插到底部。由于 RJ-45 插头是透明的，因此可以观察到每条芯线插入的位置，如图 2-14 所示。

4）将插入双绞线的 RJ-45 插头插入网线钳的压线插槽中，用力压下网线钳的手柄，使 RJ-45 插头的针脚都能接触到双绞线的芯线，如图 2-15 所示。

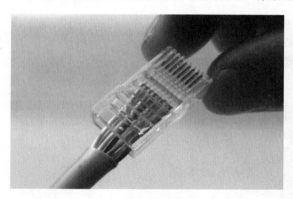

图 2-14 双绞线插入 RJ-45 插头

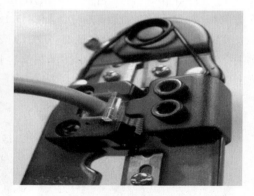

图 2-15 网线钳压线

5）完成双绞线一端的制作后，按照相同的方法制作另一端即可。注意双绞线两端的芯线排列顺序要完全一致，如图 2-16 所示。

6）在完成双绞线的制作后，建议使用网线测试仪对网线进行测试。将双绞线的两端分别插入网线测试仪的 RJ-45 接口，并接通测试仪电源。如果测试仪上的 8 个绿色指示灯都顺利闪过，说明制作成功。如果其中某个指示灯未闪烁，则说明插头中存在断路或者接触不良的现象。此时应再次对网线两端的 RJ-45 插头用力压一次并重新测试，如果依然不能通过测试，则只能重新制作，如图 2-17 所示。

提示：实际上在目前的 100Mbit/s 带宽的局域网中，双绞线中的 8 条芯线并没有完全用上，而只有第 1、2、3、6 线有效，分别起着发送和接收数据的作用。因此在测试网线的时候，如果网线测试仪上与芯线线序相对应的第 1、2、3、6 指示灯能够被点亮，则说明网线已经具备了通信能力，而不必关心其他的芯线是否连通。

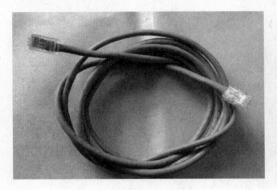

图 2-16　完成的双绞线

图 2-17　使用网线测试仪对网线进行测试

2.1.7　6 类线缆的制作

现在生活中接触到的网线最主要的是超 5 类网线（传输百兆网络），不过 6 类网线（传输千兆网络）将很快成为主流，6 类网线及 6 类水晶头的接线方法会与超 5 类有一点差别，6 类水晶头无非多了一个固定网线的小帽，步骤如下。

1）按照国际标准，目前主要采用 568B 的接法，首先是准备工作，包括 6 类水晶头和 6 类网线（长度根据需要来定），如图 2-18 所示。

2）将 6 类网线按照 568B 的方法即按照白橙、橙、白绿、蓝、白蓝、绿、白棕、棕的顺序，拉直整理整齐，注意 6 类网线铜径比较粗，中间还有个十字架，整理起来比较麻烦，如图 2-19 所示。

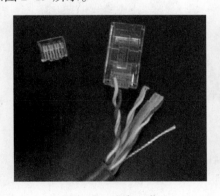

图 2-18　准备工作

图 2-19　拉直整理整齐

3）将 6 类水晶头的小配件——小帽，套到网线上面，并将末端及从未去除外皮的地方大概 1cm 的部分，用手指来回挤压扁平，这样可以保证此部分能进入水晶头，如图 2-20 所示。

4）将超出水晶头小帽的那部分铜线剪去，如图 2-21 所示。

5）将网线插入水晶头至最顶端，使用压线工具压紧，如图 2-22 所示。两端接好，用网络测试仪测试是否接通，就完成了。

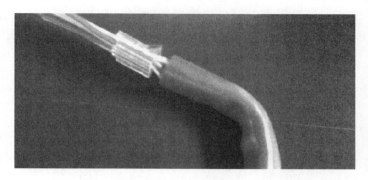

图 2-20　套到网线上面

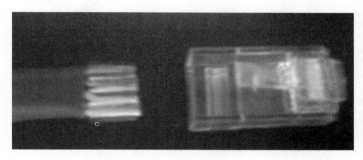

图 2-21　剪齐

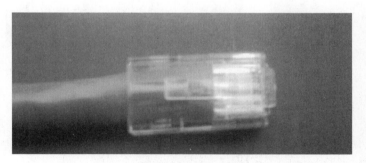

图 2-22　压线工具压紧

测试方式请参考 5 类/超 5 类线缆的测试方式。

2.1.8　信息面板的模块卡接

信息模块在企业网络中是普遍应用的，它属于一个中间连接器，可以安装在墙面或桌面上，需要使用时只需用一条直通双绞线即可与其另一端通过双绞网线所连接的设备连接，非常灵活。利用信息模块还美化了整个网络布线环境。

1. 主要制作材料及工具介绍

在信息模块制作中，除了信息模块本身外，还需要一些其他材料及制作工具。信息模块现在有两种：一种是传统的需要手工打线的，打线时需要专门的打线工具，制作起来比较麻烦；另一种是新型的，无须手工打线，无需任何模块打线工具，只需把相应双绞芯线卡入相应位置，然后用手轻轻一压即可，使用起来非常方便、快捷。这两种信息模块如图 2-23 所示。新型的信息模块外观有些像水晶头，非常小。别看它们个头很小，价格却不菲。

图 2-23　信息模块

在两种信息模块中都会用色标标注 8 个卡线槽或者插入孔所插入的芯线颜色，两种信息模块的色标及卡线槽或插线孔如图 2-24 所示。

图 2-24　两种信息模块的色标

经验之谈：从信息模块的色标标注来看，好像所有芯线对都是与卡线槽或插线孔按相同顺序排列的，并没有任何错开，其实这只是一种表象。实际上信息模块的水晶头接口引脚芯线仍是按照 TIA/EIA 568A 或者 TIA/EIA 568B 的顺序排列的，这两种引脚的芯线序列中全部芯线对并不都是顺序排列的，而是有所错开的，如其中的 3 脚与 4 脚、5 脚与 6 脚之间。这主要是因为在卡线槽或者插线孔与接口引脚之间要经过一块电路板转换，在色标上采用顺序排列可以更方便用户使用。

因为信息模块安装在墙面或桌面上，所以还有一些配套的组件，如面板与底盒。面板是用来固定信息模块的，有"单口"与"双口"之分，正面分别如图 2-25 所示。

从图 2-25 中可以看出，"单口"面板只能安装一个信息模块，提供一个 RJ-45 网络接口；"双口"面板可以安装两个信息模块，提供两个 RJ-45 网络接口。在面板的反面有 3 个关键部位，如图 2-26 所示。这三个关键部位介绍如下：

1）模块扣位：用于放置制作好的信息模块，通过两边的扣位固定，但有方向性要求，具体将在模块制作过程中介绍。

图 2-25 面板

图 2-26 面板的反面

2）遮罩板连接扣位：遮罩板用来遮掩面板中用来与底盒固定的螺钉孔位（如图 2-27 中的两个①位置），面板拆分后的两部分如图 2-27 中的左、右图所示。遮罩板与面板的组合就是通过图 2-27 中②所示的 4 个扣位来完成的。具体的使用方法将在后面的模块制作中介绍。

3）与底盒之间的螺钉固定孔：对应面板正面的两个孔，如图 2-27 中的两个①所示。通过这两个孔用螺钉与底盒（注意它有一个用于穿插网线的"穿线孔"）的两个螺钉固定柱固定在一起。

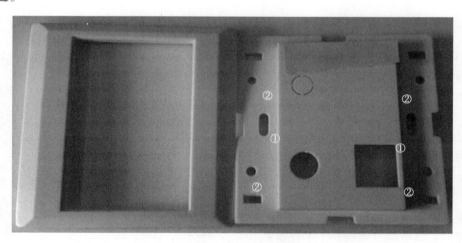

图 2-27 遮罩板连接扣位

图 2-28 所示是一款简易的模块打线工具。

➤卡线缺口：用于卡住相应芯线，然后打入信息模块卡线槽中。

➤压线刀片：可把一些未完全卡入卡线槽底部的芯线压入底部。

➤线钩：对于一些需要重新打线的芯线，可用它把已卡入的芯线勾出来。

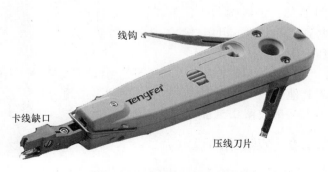

图 2-28 模块打线工具

2. 制作步骤

介绍完信息模块所需的组件、工具后，下面介绍信息模块的具体制作步骤。

1）先通过综合布线把网线固定在墙面线槽中，将制作模块一端的网线从底盒"穿线孔"中穿出。在引出端用专用剥线工具剥除一段 3cm 左右的网线外包皮，如图 2-29 所示，注意不要损伤内部的 8 条芯线。

2）把剥除了外包皮的网线放入信息模块中间的空位置，如图 2-30 所示。

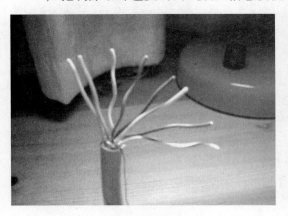

图 2-29　剥线

图 2-30　把网线放入信息模块中间的空位置

3）对照所采用的接入标准和模块上所标注的色标把 8 条芯线依次初步卡入模块的卡线槽中，如图 2-31 所示。在此步只需卡稳即可，不要求卡到底。

用打线工具把已卡入卡线槽中的芯线打入卡线槽的底部，以使芯线与卡线槽接触良好、稳固。操作方法如图 2-31 所示，对准相应芯线，往下压，当卡到底时会有"咔"的声响。注意打线工具的卡线缺口旋转位置。

全部打完线后再对照模块上的色标检查一次，对于打错位置的芯线用打线工具（见图 2-28）的线钩勾出，重新打线。对于还未打到底的芯线，可用打线工具的压线刀片重新压一次。

打线全部完工后，用网线钳的剪线刀口或者其他剪线工具剪除模块卡线槽两侧多余的芯线（一般仅留 0.5cm 左右的长度）。

2.1.9　双绞线的优点

1）传输距离远、传输质量高。由于在双绞线收发器中采用了先进的处理技术，极好地

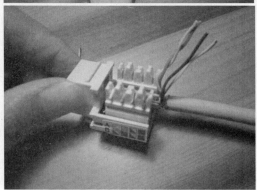

图 2-31　把芯线卡入模块的卡线槽

补偿了双绞线对视频信号幅度的衰减以及不同频率间的衰减差，保持了原始图像的亮度和色彩以及实时性，在传输距离达到1km或更远时，图像信号基本无失真。如果采用中继方式，传输距离会更远。

2）布线方便、线缆利用率高。一对普通电话线就可以用来传送视频信号。另外，楼宇大厦内广泛敷设的5类非屏蔽双绞线中任取一对就可以传送一路视频信号，无需另外布线，即使是重新布线，5类线缆也比同轴电缆容易。此外，一根5类线缆内有4对双绞线，如果使用一对线传送视频信号，另外的几对线还可以用来传输音频信号、控制信号、供电电源或其他信号，提高了线缆利用率，同时避免了各种信号单独布线带来的麻烦，减少了工程造价。

3）抗干扰能力强。双绞线能有效抑制共模干扰，即使在强干扰环境下，双绞线也能传送极好的图像信号。而且，使用一根线缆内的几对双绞线分别传送不同的信号，相互之间不会发生干扰。

4）可靠性高、使用方便。利用双绞线传输视频信号，在前端要接入专用发射机，在控制中心要接入专用接收机。这种双绞线的传输设备价格便宜，使用起来也很简单，无需专业知识，也不需要太多的操作，一次安装，可保证长期稳定工作。

5）价格便宜，取材方便。由于使用的是目前广泛使用的普通5类非屏蔽电缆或普通电话线，购买容易，而且价格也很便宜，给工程应用带来极大的方便。

2.1.10 双绞线的标准

CAT1：目前未被TIA/EIA承认，以往用在传统电话网络（POTS）、ISDN及门钟的线路中。

CAT2：目前未被TIA/EIA承认，以往常用在4Mbit/s的令牌环网络中。

CAT3：目前被TIA/EIA-568B所界定及承认，并提供16MHz的带宽，曾经常用在10Mbit/s以太网中。

CAT4：目前未被TIA/EIA承认，提供20MHz的带宽，以往常用在16Mbit/s的令牌环网络中。

CAT5：目前被TIA/EIA-568A所界定及承认，并提供100MHz的带宽，目前常用在快速（100Mbit/s）以太网中。

CAT5E：目前被TIA/EIA-568B所界定及承认，并提供100MHz的带宽，目前常用在快速以太网及千兆（1Gbit/s）以太网中。

CAT6：目前被TIA/EIA-568B所界定及承认，提供250MHz的带宽，比CAT5与CAT5E高出一倍半。

CAT6A：将来使用在万兆以太网（10Gbit/s）中。

CAT7：应用于标准ISO/IEC 11801类F布线的非正式名称这个标准规定了一个整体屏蔽内的四个独立屏蔽对（STP）。设计用于频率高达600MHz的传输。

2.1.11 双绞线的性能指标

对于双绞线，用户最关心的是表征其性能的几个指标。这些指标包括衰减、近端串扰、特性阻抗、分布电容、直流电阻等。

1）衰减（Attenuation）是沿链路的信号损失度量。衰减与线缆的长度有关系，随着长度的增加，信号衰减也随之增加。衰减用"dB"作单位，表示发送端信号到接收端信号强度的比率。由于衰减随频率而变化，因此，应测量在应用范围内的全部频率上的衰减。

2）近端串扰（NEXT）损耗是测量一条 UTP 链路中从一对线到另一对线的信号耦合。对于 UTP 链路，NEXT 是一个关键的性能指标，也是最难精确测量的一个指标。随着信号频率的增加，其测量难度将加大。NEXT 并不表示在近端点所产生的串扰值，它只是表示在近端点所测量到的串扰值。这个量值会随电缆长度不同而变，电缆越长，其值变得越小。同时发送端的信号也会衰减，对其他线对的串扰也相应变小。实验证明，只有在 40m 内测量得到的 NEXT 是较真实的。如果另一端是远于 40m 的信息插座，那么它会产生一定程度的串扰，但测试仪可能无法测量到这个串扰值。因此，最好在两个端点都进行 NEXT 测量。现在的测试仪都配有相应设备，使得在链路一端就能测量出两端的 NEXT 值。NEXT 测试的结果参照表 2-1 和表 2-2。

表 2-1　各种连接为最大长度时各种频率下的衰减极限

| 频率/MHz | 最大衰减 20℃ | | | | | |
| | 信道（100m） | | | 链路（90m） | | |
	3 类	4 类	5 类	3 类	4 类	5 类
1	4.2	2.6	2.5	3.2	2.2	2.1
4	7.3	4.8	4.5	6.1	4.3	4.0
8	10.2	6.7	6.3	8.8	6	5.7
10	11.5	7.5	7.0	10	6.8	6.3
16	14.9	9.9	9.2	13.2	8.8	8.2
20		11	10.3		9.9	9.2
25			11.4			10.3
31.25			12.8			11.5
62.5			18.5			16.7
100			24			21.6

表 2-2　特定频率下的 NEXT 衰减极限

| 频率/MHz | 最小 NEXT | | | | | |
| | 信道（100m） | | | 链路（90m） | | |
	3 类	4 类	5 类	3 类	4 类	5 类
1	39.1	53.3	60.0	40.1	54.7	60.0
4	29.3	43.3	50.6	30.7	45.1	51.8
8	24.3	38.2	45.6	25.9	40.2	47.1
10	22.7	36.6	44.0	24.3	38.6	45.5
16	19.3	33.1	40.6	21	35.3	42.3
20		31.4	39.0		33.7	40.7
25			37.4			39.1
31.25			35.7			37.6
62.5			30.6			32.7
100			27.1			29.3

以上两个指标是 TSB67 测试的主要内容，但某些型号的测试仪还可以给出直流电阻、特性阻抗、衰减串扰比等指标。

3）直流环路电阻会消耗一部分信号，并将其转变成热量。它是指一对导线电阻的和，11801 规格的双绞线的直流电阻不得大于 19.2Ω。每对间的差异不能太大（小于 0.1Ω），否则表示接触不良，必须检查连接点。

4）特性阻抗与环路直流电阻不同，特性阻抗包括电阻及频率为 1～100MHz 的电感阻抗及电容阻抗，它与一对电线之间的距离及绝缘体的电气性能有关。各种电缆有不同的特性阻抗，而双绞线电缆则有 100Ω、120Ω 及 150Ω 几种。

5）衰减串扰比（ACR）在某些频率范围，串扰与衰减量的比例关系是反映电缆性能的另一个重要参数。ACR 有时也以信噪比（Signal Noice Ratio，SNR）表示，它由最差的衰减量与 NEXT 量值的差值计算。ACR 值较大，表示抗干扰的能力更强。一般系统要求至少大于 10dB。

6）电缆特性通信信道的品质是由它的电缆特性描述的。SNR 是在考虑到干扰信号的情况下，对数据信号强度的一个度量。如果 SNR 过低，将导致数据信号在被接收时，接收器不能分辨数据信号和噪声信号，最终引起数据错误。因此，为了将数据错误限制在一定范围内，必须定义一个最小的可接收的 SNR。

2.2 光纤的制作

2.2.1 光纤的基本介绍

光纤是光导纤维的简写，是一种利用光在玻璃或塑料制成的纤维中的全反射原理而达成的光传导工具。前香港中文大学校长高锟和 George A. Hockham 首先提出光纤可以用于通信传输的设想，高锟因此获得 2009 年诺贝尔物理学奖。

微细的光纤封装在塑料护套中，使得它能够弯曲而不至于断裂。通常，光纤的一端的发射装置使用发光二极管或一束激光将光脉冲传送至光纤，光纤的另一端的接收装置使用光敏元件检测脉冲。

在日常生活中，由于光在光导纤维的传导损耗比电在电线传导的损耗低得多，光纤被用作长距离的信息传递。

通常光纤与光缆两个名词会被混淆。多数光纤在使用前必须由几层保护结构包覆，包覆后的缆线即被称为光缆。光纤外层的保护层和绝缘层可防止周围环境对光纤的伤害，如水、火、电击等。光缆分为：光纤、缓冲层及披覆。光纤和同轴电缆相似，只是没有网状屏蔽层。中心是光传播的玻璃芯。

在多模光纤中，芯的直径是 50μm 和 62.5μm 两种，大致与人的头发的粗细相当。而单模光纤芯的直径为 8～10μm，常用的是 9/125μm。芯外面包围着一层折射率比芯低的玻璃封套，以使光线保持在芯内。再外面的是一层薄的塑料外套，用来保护封套。光纤通常被扎成束，外面有外壳保护。纤芯通常是由石英玻璃制成的横截面积很小的双层同心圆柱体，它质地脆、易断裂，因此需要外加一保护层。

说明：9/125μm 指光纤的纤核为 9μm，包层为 125μm，9/125μm 是单模光纤的一个重要的特征，50/125μm 指光纤的纤核为 50μm，包层为 125μm，50/125μm 是多模光纤的一个重要的特征。

2.2.2 光纤的原理及分类

光是一种电磁波，可见光部分波长范围是 390～760nm。大于 760nm 部分是红外光，小于 390nm 部分是紫外光。光纤中应用的是：850nm、1310nm、1550nm 三种。

因光在不同物质中的传播速度是不同的，所以光从一种物质射向另一种物质时，在两种物质的交界面处会产生折射和反射。而且，折射光的角度会随入射光的角度变化而变化。当入射光的角度达到或超过某一角度时，折射光会消失，入射光全部被反射回来，这就是光的全反射。不同的物质对相同波长光的折射角度是不同的（即不同的物质有不同的光折射率），相同的物质对不同波长光的折射角度也是不同。光纤通信就是基于以上原理而形成的。

光纤裸纤一般分为 3 层：中心高折射率玻璃芯（芯径一般为 50μm 或 62.5μm），中间为低折射率硅玻璃包层（直径一般为 125μm），最外是加强用的树脂涂层。

入射到光纤端面的光并不能全部被光纤所传输，只是在某个角度范围内的入射光才可以。这个角度就称为光纤的数值孔径。光纤的数值孔径大些对于光纤的对接是有利的。不同厂家生产的光纤的数值孔径不同。

光纤的种类很多，根据用途不同，所需要的功能和性能也有所差异。各种分类举例如下：

1）按工作波长分类：紫外光纤、可见光纤、近红外光纤、红外光纤（0.85μm、1.3μm、1.55μm）等。

2）按折射率分布分类：阶跃（SI）型光纤、近阶跃型光纤、渐变（GI）型光纤、其他（如三角、W、凹陷型）等。

3）按传输模式分类：单模光纤（含偏振保持光纤、非偏振保持光纤）、多模光纤等。

4）按原材料分类：石英光纤、多成分玻璃光纤、塑料光纤、复合材料光纤（如塑料包层、液体纤芯等）、红外材料等。按被覆材料还可分为无机材料（碳等）、金属材料（铜、镍等）和塑料等。

5）制造方法：预塑有汽相轴向沉积（VAD）、化学气相沉积（CVD）等，拉丝法有管律法（Rod intube）和双坩埚法等。

2.2.3 光纤的传输优点

直到 1960 年，美国科学家 Maiman 发明了世界上第一台激光器后，为光通信提供了良好的光源。随后 20 多年，人们对光传输介质进行了攻关，终于制成了低损耗光纤，从而奠定了光通信的基石。从此，光通信进入了飞速发展的阶段。

光纤传输有许多突出的优点。

（1）频带宽

频带的宽窄代表传输容量的大小。载波的频率越高，可以传输信号的频带宽度就越大。在 VHF 频段，载波频率为 48.5～300MHz。带宽约 250MHz，只能传输 27 套电视和几十套调频广播。可见光的频率达100000GHz，比VHF频段高出一百多万倍。尽管由于光纤对不同频率的光有不同的损耗，使频带宽度受到影响，但在最低损耗区的频带宽度也可达30000GHz。目前单个光源的带宽只占了其中很小的一部分（多模光纤的频带约几百兆赫，好的单模光纤可达10GHz以上），采用先进的相干光通信可以在30000GHz范围内安排2000个光载波，进行波分复用，可以容纳上百万个频道。

（2）损耗低

在同轴电缆组成的系统中，最好的电缆在传输800MHz信号时，每公里的损耗都在40dB以上。相比之下，光导纤维的损耗则要小得多，传输1.31μm的光，每公里损耗在0.35dB以下，若传输1.55μm的光，每公里损耗更小，可达0.2dB以下。这就比同轴电缆的功率损耗要小一亿倍，使其能传输的距离要远得多。此外，光纤传输损耗还有两个特点：一是在全部有线电视频道内具有相同的损耗，不需要像电缆干线那样必须引入均衡器进行均衡；二是其损耗几乎不随温度而变，不用担心因环境温度变化而造成干线电平的波动。

（3）重量轻

因为光纤非常细，单模光纤芯线直径一般为4～10μm，外径也只有125μm，加上防水层、加强筋、护套等，用4～48根光纤组成的光缆直径还不到13mm，比标准同轴电缆的直径47mm要小得多，加上光纤是玻璃纤维，密度小，使它具有直径小、重量轻的特点，安装十分方便。

（4）抗干扰能力强

因为光纤的基本成分是石英，只传光，不导电，不受电磁场的作用，在其中传输的光信号不受电磁场的影响，故光纤传输对电磁干扰、工业干扰有很强的抵御能力。也正因为如此，在光纤中传输的信号不易被窃听，因而利于保密。

（5）保真度高

因为光纤传输一般不需要中继放大，不会因为放大引入新的非线性失真。只要激光器的线性好，就可高保真地传输电视信号。

（6）工作性能可靠

系统的可靠性与组成该系统的设备数量有关。设备越多，发生故障的机会越大。因为光纤系统包含的设备数量少（不像电缆系统那样需要几十个放大器），可靠性自然也就高，加上光纤设备的寿命都很长，无故障工作时间达50万～75万h，其中寿命最短的是光发射机中的激光器，最低寿命也在10万h以上。故一个设计良好、正确安装调试的光纤系统的工作性能是非常可靠的。

（7）成本不断下降

目前，有人提出了新摩尔定律，也叫做光学定律（Optical Law）。该定律指出，光纤传输信息的带宽，每6个月增加一倍，而价格降低一倍。光通信技术的发展，为Internet宽带技术的发展奠定了非常好的基础。这就为大型有线电视系统采用光纤传输方式扫清了最后一个障碍。由于制作光纤的材料（石英）来源十分丰富，随着技术的进步，成本还会进一步降低；而电缆所需的铜原料有限，价格会越来越高。

2.2.4 光纤的衰减

造成光纤衰减的主要因素有：本征、弯曲、挤压、杂质、不均匀和对接等。

（1）本征　是光纤的固有损耗，包括：瑞利散射、固有吸收等。

（2）弯曲　光纤弯曲时部分光纤内的光会因散射而损失掉，造成损耗。

（3）挤压　光纤受到挤压时产生微小的弯曲而造成的损耗。

（4）杂质　光纤内杂质吸收和散射在光纤中传播的光，造成的损失。

（5）不均匀　光纤材料的折射率不均匀造成的损耗。

（6）对接　光纤对接时产生的损耗，如：不同轴（单模光纤同轴度要求小于 $0.8\mu m$）、端面与轴心不垂直、端面不平、对接心径不匹配和熔接质量差等。

（7）人为衰减　在实际的工作中，有时也有必要进行人为的光纤衰减，如用于光通信系统当中的调试光功率性能、调试光纤仪表的定标校正，光纤信号衰减的光纤衰减器。

2.2.5　光纤的生产方法

制造光纤的方法很多，目前主要有：管内 CVD（化学气相沉积）法、棒内 CVD 法、PCVD（等离子体化学气相沉积）法和 VAD（轴向气相沉积）法等，见表 2-3。但不论用哪一种方法，都要先在高温下做成预制棒，然后在高温炉中加温软化，拉成长丝，再进行涂覆、套塑，成为光纤芯线。光纤的制造要求每道工序都要相称精密，由计算机控制。在制造光纤的过程中，要注重：

① 光纤原材料的纯度必须很高；

② 必须防止杂质污染，以及气泡混入光纤；

③ 要准确控制折射率的分布；

④ 正确控制光纤的结构尺寸；

⑤ 尽量减小光纤表面的伤痕损害，提高光纤机械强度。

光纤的制作方法如下：

（1）管棒法　将内芯玻璃棒插入外层玻璃管中（尽量紧密），熔融拉丝。

（2）双坩埚法　在两个同心铂坩埚内，将内芯和外层玻璃料分别放入内、外坩埚中。

（3）分子填充法　将微孔石英玻璃棒浸入高折射率的添加剂溶液中，得所需折射率分布的断面结构，再进行拉丝操作，它的工艺比较复杂。在光导纤维通信中还可用内外气相沉积法等，以保证能制造出光损耗率低的光导纤维。

光导纤维应用时还要做成光缆，它是由数根光导纤维合并先组成光导纤维芯线，外面被覆塑料皮，再把光导纤维芯线组合成光缆，其中光导纤维的数目可以从几十到几百根，最大的达到 4000 根。

（4）太空融拉法　将光纤的拉丝装置放到太空的微重力环境下去拉制，可以获得地球上无法得到的超长的高质量导光纤维。

2.2.6　光纤的辨别方法

（1）颜色辨别　黄色的代表单模，橙色的代表多模。

（2）外套标识辨别

➢ $50/125\mu m$，$62.5/125\mu m$ 为多模，并且可能标有 mm。

➢ $9/125\mu m$（g652）为单模，并且可能标有 sm。

表 2-3 光纤的生产方法比较

对象	气相沉积法							
	芯 棒				外 包 层			
方法	外部化学气相沉积法（OVD）	改进的化学气相沉积法/管内化学气相沉积法（MCVD）	轴向化学气相沉积法（VAD）	等离子化学气相沉积法（PCVD）	套管法	粉末法	等离子喷涂法	溶胶-凝胶
反应机理	火焰水解	高温氧化	火焰水解	低温氧化		VAD 制芯棒 OVD 沉积外包层		
热源	甲烷或氢氧焰	氢氧焰	氢氧焰	等离子体				
沉积方向	靶棒外径向	管内表面	靶同轴向	管内表面				
沉积速率	大	中	大	小				
沉积工艺	间歇	间歇	连续	间歇				
预制棒尺寸	大	小	大	小				
折射率分布控制	容易	容易	单模：容易 多模：较难	极易				
原料纯度要求	不严格	严格	不严格	严格				
研发企业	1974 年美国康宁公司开发，1980 年全面投入使用	1974 年美国阿尔卡特公司开发	1977 年日本NTT 公司开发	荷兰飞利浦公司开发		1995 年美国Spectram开发		
使用厂家（代表）	美国康宁公司日本西谷公司、中国富通公司	美国阿尔卡特公司，天津46 所	日本住友、古河等公司	荷兰飞利浦公司、中国武汉长飞公司				

（3）光纤磨制端头 在在放大镜下可辨别，多模呈同心圆。单模中间有一黑点。

（4）熔接机熔接时从屏上可辨别 多模纤中间没白条，单模中间有一白条。

同时，熔接机对多模光缆不做熔接损耗计算。

单模收发器可以用于多模光缆链路，但注意跳线要用多模的。

依据信号在光纤中传输的模式，主要分两大类：单模和多模。模式通常是指光信号在光纤内的传输路径，单模的传输路径就是中心轴线；将光纤沿中轴线切出一个刨面，光信号在刨面上利用全反射进行传输。光纤可以拥有这种刨面无限多个，所以光信号的传输路径就会有无限多条，即有无限多种模式，如此传输的光纤就被称作多模光纤。

单模的纤芯尺寸一般是 8 ~ 10μm，在单模中信号沿直线进行传播，也就是一种模式。多模的纤芯比较大，50μm 或是 62.5μm，可以同时进行多种模式的传输。

单模的传输带宽高，传输距离远，主要用于中长距离的信号传输系统，如光纤到户、地铁和道路等长距离网络。但是，因为单模的纤芯比较小，与发射机连接时需要精确对接，从而耦合到较高的光源。这使得单模光纤网络系统的其他配件价格升高，单模光发射机的价格比多模的就贵不少。使用单模连接器进行端接时，要注意精确对接，不然会产生数值较高的插入损耗，降低光纤传输性能。

而多模主要用于满足短距离网络的传输。事实上，多模光纤能够支持万兆以太网550m内的垂直子系统布线和短距离建筑群子系统布线，以及40G/100G网络150m内的数据中心布线。并且，多模光纤系统的光电转换元件比单模更便宜，现场安装和端接也更简单。

2.2.7 光纤施工注意事项

多年来，光缆施工已有了一套成熟的方法和经验。

光缆的户外施工，较长距离的光缆敷设最重要的是选择一条合适的路径。这里不一定最短的路径就是最好的，还要注意土地的使用权，架设的或地埋的可能性等。

必须要有很完备的设计和施工图样，以便施工和今后检查方便可靠。施工中要时时注意不要使光缆受到重压或被坚硬的物体扎伤。光缆转弯时，其转弯半径要大于光缆自身直径的20倍。

2.2.7.1 户外架空光缆施工

户外架空光缆施工有如下方式：

1）吊线托挂架空方式，这种方式简单便宜，我国应用最广泛，但挂钩加挂、整理较费时。

2）吊线缠绕式架空方式，这种方式较稳固，维护工作少。但需要专门的缠扎机。

3）自承重式架空方式，对线杆要求高，施工、维护难度大，造价高，国内目前很少采用。

架空时，光缆引上线杆处须加导引装置，并避免光缆拖地。光缆牵引时注意减小摩擦力。每个杆上要余留一段用于伸缩的光缆。

要注意光缆中金属物体的可靠接地。特别是在山区、高电压电网区和多地区一般要每公里有3个接地点，甚至选用非金属光缆。

2.2.7.2 户外管道光缆施工

1）施工前应核对管道占用情况，清洗、安放塑料子管，同时放入牵引线。

2）计算好布放长度，一定要有足够的预留长度。光缆布线预留长度见表2-4。

表2-4 光缆布线预留长度

自然弯曲增加长度 /（m/km）	人孔内拐弯增加长度 /（m/孔）	接头重叠长度 /（m/侧）	局内预留长度/m
5	0.5 ~ 1	8 ~ 10	15 ~ 20

3）一次布放长度不要太长（一般2km），布线时应从中间开始向两边牵引。

4）布缆牵引力一般不大于120kgf⊖。而且应牵引光缆的加强心部分，并作好光缆头部

⊖ 1kgf = 9.8N。

的防水加强处理。

    5）光缆引入和引出处须加顺引装置，不可直接拖地。

    6）管道光缆也要注意可靠接地。

    7）直接地埋光缆的敷设：

➤ 直埋光缆沟深度要按标准进行挖掘。

➤ 不能挖沟的地方可以架空或钻孔预埋管道敷设。

➤ 沟底应保证平缓坚固，需要时可预填一部分沙子、水泥或支撑物。

➤ 敷设时可用人工或机械牵引，但要注意导向和润滑。

➤ 敷设完成后，应尽快回土覆盖并夯实。

    8）建筑物内光缆的敷设：

➤ 垂直敷设时，应特别注意光缆的承重问题，一般每两层要将光缆固定一次。

➤ 光缆穿墙或穿楼层时，要加带护口的保护用塑料管，并且要用阻燃的填充物将管子填满。

➤ 在建筑物内也可以预先敷设一定量的塑料管道，待以后要敷射光缆时再用牵引或真空法布光缆。

2.2.7.3　光缆的选用

    光缆的选用除了根据光纤芯数和光纤种类以外，还要根据光缆的使用环境来选择光缆。

    1）户外用光缆直埋时，宜选用铠装光缆。架空时，可选用带两根或多根加强筋的黑色塑料外护套的光缆。

    2）建筑物内用的光缆在选用时应注意其阻燃、毒和烟的特性。一般在管道中或强制通风处，可选阻燃但有烟的类型，暴露的环境中应选用阻燃、无毒和无烟的类型。

    3）楼内垂直布缆时，可选用层绞式光缆；水平布线时，可选用可分支光缆。

    4）传输距离在2km以内的，可选择多模光缆，超过2km可用中继或选用单模光缆。

2.2.7.4　直埋光缆埋深标准

    敷设地段或土质埋深：

➤ 普通土（硬土）≥1.2m。

➤ 半石质（沙砾土、风化石）≥1.0m。

➤ 全石质≥0.8m，从沟底加垫10cm细土或沙土。

➤ 流沙≥0.8m。

➤ 市郊、村镇≥1.2m。

➤ 市内人行道≥1.0m。

➤ 穿越铁路、公路≥1.2m，距道渣底或距路面。

➤ 沟、渠、塘≥1.2m。

➤ 农田排水沟≥0.8m。

2.2.7.5　埋地光缆保护管材

    埋地光缆保护管材应具有如下特性：

    1）抗老化、耐腐蚀、耐候性好、符合埋地管寿命长的需要。

    2）优良的阻燃性能，离烟自熄。

3）多孔式直埋管具有抗压和抗冲击效果。

4）高绝缘性符合通信电缆的需要。

5）减磨线能使光电缆护套降低磨损。

6）PVC 材料重量轻、加上直套接头，施工便捷。

2.2.8 光纤的连接

方法主要有永久性连接、应急连接、活动连接。

2.2.8.1 永久性光纤连接（又叫热熔）

这种连接是用放电的方法将连根光纤的连接点熔化并连接在一起。一般用在长途接续、永久或半永久固定连接。其主要特点是连接衰减在所有的连接方法中最低，典型值为 0.01 ~ 0.03dB/点。但连接时，需要专用设备（熔接机）和专业人员进行操作，而且连接点也需要专用容器保护起来。

2.2.8.2 应急连接（又叫冷熔）

应急连接主要是用机械和化学的方法，将两根光纤固定并粘接在一起。这种方法的主要特点是连接迅速可靠，连接典型衰减为 0.1 ~ 0.3dB/点。但连接点长期使用会不稳定，衰减也会大幅度增加，所以只能短时间内应急用。

2.2.8.3 活动连接

活动连接是利用各种光纤连接器件（插头和插座），将站点与站点或站点与光缆连接起来的一种方法。这种方法灵活、简单、方便、可靠，多用在建筑物内的计算机网络布线中。其典型衰减为 1dB/接头。

2.2.8.4 熔接光纤

随着网络的飞速发展，传统的 10Mbit/s、100Mbit/s 速度已经越来越满足不了人们日常学习工作的需要了。用户迫切希望提高网络速度，对于双绞线来说虽然可以使用 6 类线满足 1Gbit/s 的传输需要，但 6 类线制作起来非常麻烦，而且对两端连接设备要求也很高，各项衰减参数也不能降低要求。因此目前最有效的突破 1Gbit/s 传输速度的介质仍然是光纤。下面介绍如何使用工具将断纤尾纤进行熔接，满足实际需求。

1. 熔接工作何时进行

大家都应该知道光纤是非常长的，但任何线缆都会遇到长度不合适的问题，光纤也是如此，这时候就需要对光纤进行裁剪了。并且光纤在户外传输时都是一股的，而连接到局端就需要将里头的线芯分开连接，这时也需要对光纤进行熔接。因此可以说熔接工作用到的地方还是不少的，使用了光纤就必定会有熔接问题。

2. 如何进行光纤的熔接

光纤熔接在以前是一个技术含量很高的工作，下面将为大家介绍如何将分离的光纤熔接到一起。看完后了解很多理论，真正掌握还需要亲自去动手。

1）准备工作。光纤熔接工作不仅需要专业的熔接工具还需要很多普通的工具辅助完成这项任务，如剪刀、竖刀等，如图 2-32 所示。

2）安装工作。一般我们都是通过光纤收容箱，如图 2-33 所示来固定光纤的，将户外接来的用黑色保护外皮包裹的光纤剥皮处理，如图 2-34 所示，从收容箱的后方接口放入光纤收容箱中。在光纤收容箱中将光纤环绕并固定好防止日常使用松动。

图 2-32　准备工具

图 2-33　光纤收容箱

这是光纤耦合器,连接光纤跳线用

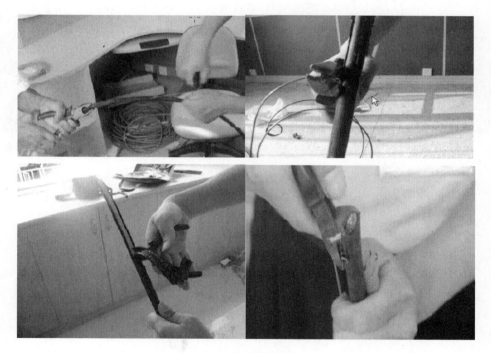

图 2-34　剥皮处理

3）接着使用美工刀将光纤内的保护层去掉。如图 2-35 所示,要特别注意的是由于光纤线芯是用玻璃丝制作的,很容易被弄断,一旦弄断就不能正常传输数据了。

4）轻拆光纤让金属保护层断裂（注意角度不能大于 45°),如图 2-36 所示。

5）不管我们在去皮工作中多小心也不能保证玻璃丝没有一点污染,因此在熔接工作开始之前我们必须对玻璃丝进行清洁。比较普遍的方法就是用纸巾沾上酒精,然后擦拭清洁每一小根光纤,如图 2-37 所示。

6）清洁完毕后我们要给需要熔接的两根光纤各自套上光纤热缩套管,如图 2-38 所示,光纤热缩套管主要用于在玻璃丝对接好后套在连接处,经过加热形成新的保护层。

7）剥去光纤绝缘层,如图 2-39 所示。

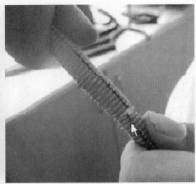

图 2-35　去掉光纤内的保护层

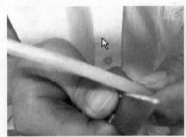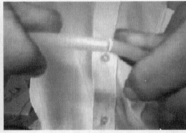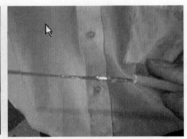

图 2-36　金属保护层断裂

图 2-37　清洁光纤

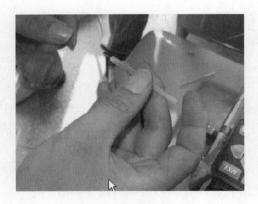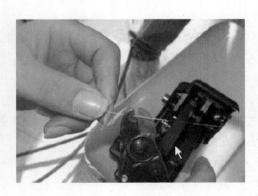

图 2-38　光纤热缩套管　　　　　图 2-39　剥去光纤绝缘层

8）用沾有酒精纸巾将光纤擦拭干净，如图2-40所示。

图2-40　光纤擦拭干净

9）用光纤切割器斩切光缆（长度要适中），如图2-41所示。

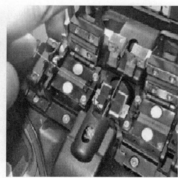

图2-41　光纤切割器斩切光缆

10）然后将玻璃丝固定，按SET键开始熔接。如图2-42所示，可以从光纤熔接器的显示屏中可以看到两端玻璃丝的对接情况，如果对的不是太歪的话仪器会自动调节对正，当然我们也通过按钮X、Y手动调节位置，等几秒就完成了光纤的熔接。

11）熔接结束观察损耗值，若不成功会告知原因如图2-43所示。

图2-42　光纤的熔接　　　　　　　　图2-43　观察损耗

12）用光纤热缩套管完全套住绝缘层部分，如图 2-44 所示。

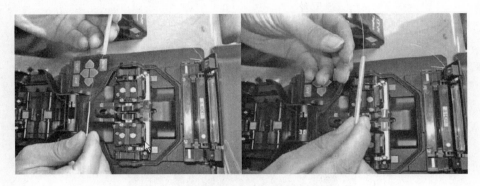

图 2-44　套热缩套管

13）将套好热缩管的光缆放到加热器中，按"HEAT"键加热，如图 2-45 所示。

14）上述是焊一芯光缆步骤，重复至其他熔接完成，如图 2-46 所示。

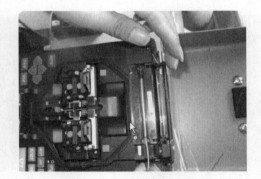

图 2-45　加热　　　　　　　　　　　　　图 2-46　加热好的光纤

15）取出已加热好的光缆，将熔接好的光缆装光纤盒，如图 2-47 所示。

16）将光缆盘好并用封箱胶纸固定，如图 2-48 所示。

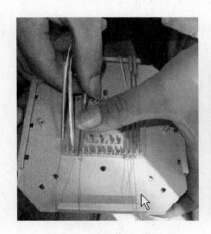
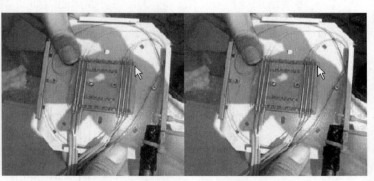

图 2-47　光纤装入光纤盒　　　　　　　　图 2-48　用封箱胶纸固

17）固定盘光缆并将光缆接头接入光缆耦合器，如图 2-49 所示。

18）光缆跳线的另一头接到网络设备上，如图 2-50 所示。

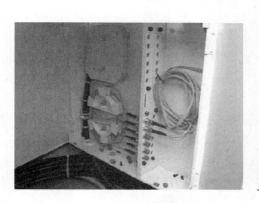 

图 2-49　接入光缆耦合器　　　　　　　图 2-50　接到网络设备

2.2.9　光纤的质量测试

光纤检测的主要目的是保证系统连接的质量，减少故障因素以及故障时找出光纤的故障点。

检测方法很多，主要分为人工简易测量和精密仪器测量。

（1）人工简易测量

这种方法一般用于快速检测光纤的通断和施工时用来分辨所做的光纤。它是用一个简易光源（推荐红外线激光手电）从光纤的一端打入可见光，从另一端观察哪一根发光来实现。这种方法虽然简便，但它不能定量测量光纤的衰减和光纤的断点。

（2）精密仪器测量

使用光功率计或光时域反射图示仪（OTDR）对光纤进行定量测量，可测出光纤的衰减和接头的衰减，甚至可测出光纤的断点位置。这种测量可用来定量分析光纤网络出现故障的原因和对光纤网络产品进行评价。

2.2.10　光电转换设备（光纤收发器）

由于光纤收发器为区域网络连接器设备之一，所以必须考虑与周边环境相互兼容性的配合，及本身产品的稳定性、可靠性，反之价格再低，也无法得到客户的青睐。主要注意以下几点。

（1）本身是否支持全双工及半双工？

市面上有些芯片目前只能使用全双工环境，无法支持半双工，如接到其他品牌的交换机（Switch）或集线器（Hub），而它又使用半双工模式，则一定会造成严重的冲突及丢包。

（2）是否与其他光纤收发器做过连接测试？

目前市面上的光纤收发器愈来愈多，如不同品牌的收发器相互的兼容性事前没做过测试则也会产生丢包、传输时间过长、忽快忽慢等现象。

（3）是否有防范丢包的安全装置？

有些厂商在制造光纤收发器时，为了降低成本，往往采用寄存器（Register）数据传输模式，这种方式最大的缺点就是传输时不稳定、丢包，而最好的就是采用缓冲线路设计，可安全避免数据丢包。

（4）温度适应能力强不强？

光纤收发器本身使用时会产生高热，温度过高时（不能大于 85℃），光纤收发器是否工作正常？是非常值得客户考虑的因素。

（5）是否符合 IEEE802.3 标准？

光纤收发器如符合 IEEE802.3 标准，即延迟控制在 46bit，如超过 46bit 时，则表示光纤收发器所传输的距离会缩短。

（6）售后服务是否完善？

为了使售后服务能及时及早地响应，建议客户选择当地区具有实力雄厚、技术力量高超、信誉良好的专业公司。也只有专业公司的技术工程师排除故障的经验比较丰富、检测故障的工具比较先进。

2.2.11 光纤网络故障排除方法

可以根据以下几点找出光纤网络故障。

1. 首先看光纤收发器或光模块的指示灯和双绞线端口指示灯是否已亮

1）如收发器的光口（FX）指示灯不亮，请确定光纤链路是否已交叉链接？A 端的光纤跳线是平行方式连接；B 端是交叉方式连接。

2）如 A 端收发器的光口（FX）指示灯亮，B 端收发器的光口（FX）指示灯不亮，则故障在 A 收发器端。一种可能是：A 端收发器（TX）光发送口已坏，因为 B 端收发器的光口（RX）接收不到光信号；另一种可能是：A 端收发器（TX）光发送口的这条光纤链路有问题（光缆或光纤跳线可能断了）。

3）双绞线（TP）指示灯不亮，请确定双绞线连线是否有错或连接有误？请用通断测试仪检测（不过有些收发器的双绞线指示灯须等光纤链路接通后才亮，见 IMC 光纤收发器调试手册）。

4）有的收发器有两个 RJ45 端口：（To Hub）表示连接交换机的连接线是直通线；（To Node）表示连接交换机的连接线是交叉线。

5）有的收发器侧面是 MPR 开关表示连接交换机的连接线是直通线方式；有的是 DTE 开关表示连接交换机的连接线是交叉线方式。

2. 光缆、光纤跳线是否已断

1）光缆通断检测：用激光手电、太阳光、发光体对着光缆接头或偶合器的一端照光；在另一端看是否有可见光？如有可见光则表明光缆没有断。

2）光纤连线通断检测：用激光手电、太阳光、发光体对着光纤跳线的一端照光；在另一端看是否有可见光？如有可见光则表明光纤跳线没有断。

3）半/全双工方式是否有误：有的收发器侧面是 FDX 开关，表示全双工；有的是 HDX 开关，表示半双工。

3. 根据收发器指示灯状态判断故障

收发器的连接如图 2-51 所示。

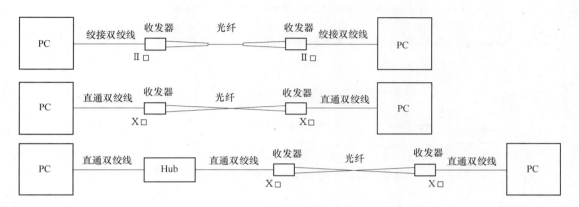

图 2-51　收发器连接示意图

收发器指示灯状态判断故障见表 2-5 所示。

表 2-5　收发器指示灯状态判断故障

断路部位	A 收发器				B 收发器			
	光线端		双绞线端		光纤端		双绞线端	
	LINK	RX	LINK	RX	LINK	RX	LINK	RX
光纤链路不通，或未交叉连接								
A 端 TX 或 B 端 RX 光纤口	亮	闪	亮	闪	暗	暗	亮	闪
A 端 RX 或 B 端 TX 光纤口	暗	暗	亮	闪	亮	闪	亮	闪
A、B 端 TX/RX	暗	暗	亮	暗	暗	暗	亮	暗
双绞线链路不通或绞接，直通设置错误								
A 端双绞线	亮	闪	暗	暗	亮	暗	亮	闪
B 端双绞线	亮	暗	亮	闪	亮	闪	暗	暗
计算机故障或网卡设置错误								
A 端 PC	亮	闪	亮	暗	亮	暗	亮	暗
B 端 PC	亮	暗	亮	暗	亮	闪	亮	暗
A、B 端 PC	亮	暗	亮	暗	亮	暗	暗	暗

4. 单多模光纤错误熔接后的结果

多模光纤接错单模尾纤的结果如图 2-52 所示。

图 2-52d 虽然衰减值比较正常，但多模尾纤和单模光纤在一起熔接时，放电的一瞬间，在熔接机显示屏上可以明显看出多模尾纤和单模尾纤的明亮程度不同，多模比较亮，单模比较暗。

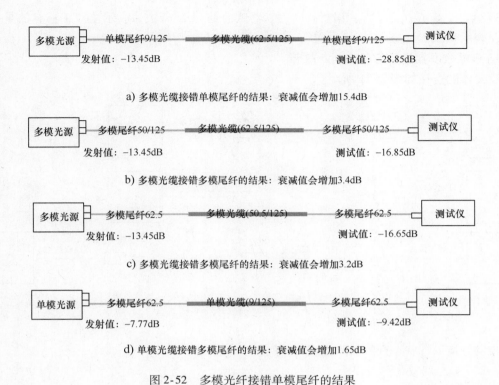

图 2-52 多模光纤接错单模尾纤的结果

2.3 同轴电缆的制作

2.3.1 同轴电缆的工作原理

同轴电缆由里到外分为 4 层：中心铜线（单股的实心线或多股绞合线）、塑料绝缘体、网状导电层和电线外皮。中心铜线和网状导电层形成电流回路。因为中心铜线和网状导电层为同轴关系而得名。

同轴电缆传导交流电而非直流电，也就是说每秒钟会有好几次的电流方向发生逆转。

如果使用一般电线传输高频率电流，这种电线就会相当于一根向外发射无线电的天线，这种效应损耗了信号的功率，使得接收到的信号强度减小。

同轴电缆的设计正是为了解决这个问题。中心电线发射出来的无线电被网状导电层所隔离，网状导电层可以通过接地的方式来控制发射出来的无线电。

同轴电缆也存在一个问题，就是如果电缆某一段发生比较大的挤压或者扭曲变形，那么中心电线和网状导电层之间的距离就不是始终如一的，这会造成内部的无线电波会被反射回信号发送源。这种效应减低了可接收的信号功率。为了克服这个问题，中心电线和网状导电层之间被加入一层塑料绝缘体来保证它们之间的距离始终如一。这也造成了这种电缆比较僵直而不容易弯曲的特性。

2.3.2 同轴电缆的基本信息

同轴电缆（Coaxial）是指有两个同心导体，而导体和屏蔽层又共用同一轴心的电缆。最常见的同轴电缆由绝缘材料隔离的铜线导体组成，在里层绝缘材料的外部是另一层环形导体及其绝缘体，然后整个电缆由聚氯乙烯或特氟纶材料的护套包住。

目前，常用的同轴电缆有两类：50Ω和75Ω的同轴电缆。75Ω同轴电缆常用于CATV网，故称为CATV电缆，传输带宽可达1GHz，目前常用CATV电缆的传输带宽为750MHz。50Ω同轴电缆主要用于基带信号传输，传输带宽为1～20MHz，总线型以太网就是使用50Ω同轴电缆，在以太网中，50Ω细同轴电缆的最大传输距离为185m，粗同轴电缆可达1000m。

2.3.3 同轴电缆的分类方式

同轴电缆可分为两种基本类型，基带同轴电缆和宽带同轴电缆。目前基带常用的电缆，其屏蔽线是用铜做成的网状的，特征阻抗为50Ω（如RG-8、RG-58等）；宽带同轴电缆常用的电缆的屏蔽层通常是用铝冲压成的，特征阻抗为75Ω（如RG-59等），如图2-53所示。

图2-53 同轴电缆

同轴电缆根据其直径大小可以分为：粗同轴电缆与细同轴电缆。粗缆适用于比较大型的局部网络，它的标准距离长，可靠性高，由于安装时不需要切断电缆，因此可以根据需要灵活调整计算机的入网位置，但粗缆网络必须安装收发器电缆，安装难度大，所以总体造价高。相反，细缆安装则比较简单，造价低，但由于安装过程要切断电缆，两头须装上基本网络连接头（BNC），然后接在T型连接器两端，所以当接头多时容易产生不良的隐患，这是目前运行中的以太网所发生的最常见故障之一。

无论是粗缆还是细缆均为总线拓扑结构，即一根缆上接多部机器，这种拓扑适用于机器密集的环境，但是当一触点发生故障时，故障会串联影响到整根缆上的所有机器。故障的诊断和修复都很麻烦，因此，将逐步被非屏蔽双绞线或光缆取代。

最常用的同轴电缆有下列几种：

➢ RG-8或RG-11，特性阻抗为50Ω。

➢ RG-58，特性阻抗为50Ω。

➢ RG-59，特性阻抗为75Ω。

➢ RG-62，特性阻抗为93Ω。

计算机网络一般选用RG-8以太网粗缆和RG-58以太网细缆。RG-59用于电视系统。

RG-62 用于 ARCNet 网络和 IBM3270 网络。

2.3.4　同轴电缆的优缺点

同轴电缆的优点是可以在相对长的无中继器的线路上支持高带宽通信，而其缺点也是显而易见的：一是体积大，细缆的直径就有 3/8in⊖ 粗，要占用电缆管道的大量空间；二是不能承受缠结、压力和严重的弯曲，这些都会损坏电缆结构，阻止信号的传输；最后就是成本高，而所有这些缺点正是双绞线能克服的，因此在现在的局域网环境中，基本已被基于双绞线的以太网物理层规范所取代。

2.3.5　同轴线缆的质量检测

主要检测以下几个方面。

1. 查绝缘介质的整度

标准同轴电缆的截面很圆整，电缆外导体、铝箔贴于绝缘介质的外表面。介质的外表面越圆整，铝箔与它外表的间隙越小，越不圆整间隙就越大。实践证明，间隙越小电缆的性能越好，另外，大间隙空气容易侵入屏蔽层而影响电缆的使用寿命。

2. 测同轴电缆绝缘介质的一致性

同轴电缆缘介质直径波动主要影响电缆的回波系数，此项检查可剖出一段电缆的绝缘介质，用千分尺仔细检查各点外径，看其是否一致。

3. 测同轴电缆的编织网

同轴电缆的纺织网线对同轴电缆的屏蔽性能起着重要作用，而且在集中供电有线电视线路中还是电源的回路线，因此同轴电缆质量检测必须对纺织网是否严密平整进行察看，方法是剖开同轴电缆外护套，剪一小段同轴电缆编织网，对编织网数量进行鉴定，如果与所给指标数值相符为合格，另外对单根纺织网线用螺旋测微器进行测量，在同等价格下，线径越粗质量越好。

4. 查铝箔的质量

同轴电缆中起重要屏蔽作用的是铝箔，它在防止外来开路信号干扰与有线电视信号混淆方面具有重要作用，因此对新进同轴电缆应检查铝箔的质量。首先，剖开护套层，观察编织网线和铝箔层表面是否保持良好光泽；其次是取一段电缆，紧紧绕在金属小轴上，拉直向反向转绕，反复几次，再割开电缆护套层观看铝箔有无折裂现象，也可剖出一小段铝箔在手中反复揉搓和拉伸，经多次揉搓和拉伸仍未断裂，具有一定韧性的为合格品，否则为次品。

5. 查外护层的挤包紧度

高质量的同轴电缆外护层都包得很紧，这样可缩小屏蔽层内间隙，防止空气进入造成氧化，防止屏蔽层的相对滑动引起电性能飘移，但挤包太紧会造成剥头不便，增加施工难度。检查方法是取 1m 长的电缆，在端部剥去护层，以用力不能拉出线芯为合适。

6. 查电缆成圈形状

电缆成圈不仅是个美观问题，而且也是质量问题。电缆成圈平整，各条电缆保持在同一

⊖　1in = 2.54cm。

同心平面上，电缆与电缆之间成圆弧平行地整体接触，可减少电缆相互受力，堆放不易变形损伤，因此在验收电缆质量时对此不可掉以轻心。

2.3.6 BNC型头线缆制作

1. 焊接式 BNC 做法

（1）剥线 对比 BNC 头线夹长度来确定剥线的长度，屏蔽网和芯线分别留长约 12mm 和 3mm（长度适当），并把屏蔽套壳套入电缆线，如图 2-54 所示。

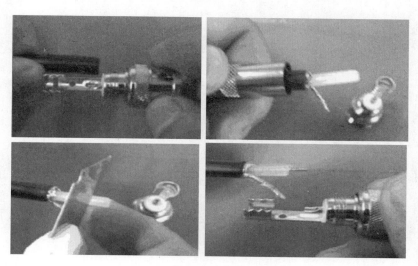

图 2-54 剥线

（2）固定 将裸露的芯线和 BNC 头上锡，把屏蔽线穿入线夹中间的孔里面并固定好位置，如图 2-55 所示。

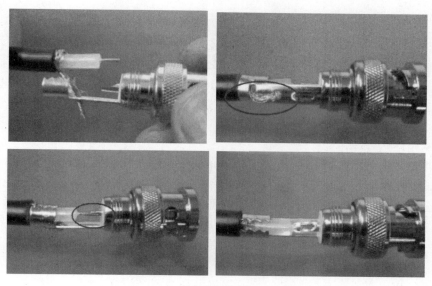

图 2-55 固定

（3）焊接　用烙铁直接焊接，注意烙铁的温度一定要高，且焊锡丝质量要过关，如图 2-56 所示。

图 2-56　焊接

（4）整理毛刺后拧上屏蔽套壳　如图 2-57 所示。

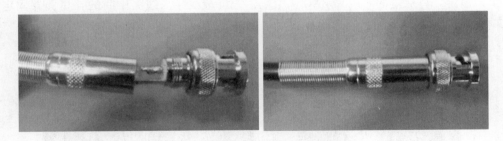

图 2-57　整理毛刺后拧上屏蔽套壳

2. 冷却式 BNC 做法

（1）剥线　对比 BNC 头尾部长度来确定剥线的长度，屏蔽网和芯线分别留长约 15mm 和 5mm（长度没标准），如图 2-58 所示。

（2）连接芯线和插针　用专用卡线钳前部的小槽用力夹一下，使芯线压紧在小孔中。剥好线后请将芯线插入插针尾部的小孔中，注意如果没有专用卡线钳可以用电工钳代替，但需要注意一是不要使芯线插针变形太大，二是将芯线要压紧以防止接触不良，如图 2-59 所示。

（3）装配 BNC 接头　连接好芯线后，先将屏蔽金属套筒套入同轴电缆（可以在接插针之前套入），再将芯线插针从 BNC 接头本体尾部孔中向前插入，使芯线插针从前端向外伸

图 2-58　剥线

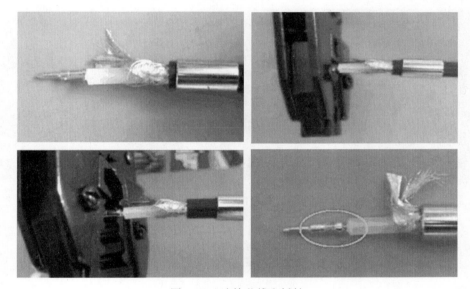

图 2-59　连接芯线和插针

出，最后将金属套筒前推，使套筒将外层金属屏蔽线卡在 BNC 接头本体尾部的圆柱体，如图 2-60 所示。

图 2-60　装配 BNC 接头

（4）压接　用专用冷压钳对 BNC 头尾部进行两次挤压并整理毛刺，如图 2-61 所示。

图 2-61　压接

第 3 章

综合布线系统与设计

3.1 综合布线系统设计原则

综合布线系统涉及许多内容和协议，每个协议都拥有在遵循国际标准的基础上各自的特点，对布线要求有着一些差别，同时随着技术的发展，用户对宽带需求的增加，要求布线工程再不用做较大改变的同时，适应新的技术应用和用户的增加或传输速率的增加，具有良好的智能性和灵活性。结构化布线作为整个网络系统乃至整个集成系统的基础，布线系统必须具有这样一些特性。

（1）可靠性、实用性

布线系统要能够充分适应现代和未来技术发展，实现语音、高速数据通信、高像素图片传输，支持各种网络设备、通信协议和包括管理信息系统、商务处理活动、多媒体系统在内的广泛应用。布线系统还要能够支持其他一些非数据的通信应用，如电话系统等。

（2）先进性

布线系统作为大楼的基础设施，要采用先进的科学技术，要着眼于未来，保证系统具有一定的超前性，使布线系统能够支持未来的网络技术和应用。

（3）独立性

布线系统对其服务的设备有一定的独立性，能够满足多种应用的要求，每个信息点可以连接不同的设备，如数据终端、模拟或数字式电话机、程控电话或分机、个人计算机、工作站、打印机和多媒体设备等。布线系统要可以连接成包括星形、环形、总线型等各种不同的逻辑结构。

（4）标准化

布线系统要采用和支持各种相关技术的国际标准、国家标准及工业标准，这样作为技术设施的布线系统不仅能支持现在的各种应用，还能适应未来的技术发展。综合布线系统使用户可以把设备连到标准的话音/数据信息插座上，使安装、维护、升级和扩展都非常方便，并节省费用。

（5）模块化

布线系统除去固定于建筑物内的水平线缆外，其余所有的设备都应当是可任意更换插拔的标准组件，以方便使用、管理和扩充。

（6）扩充性

布线系统应当是可扩充的，以便在系统需要发展时，可以有充分的余地将设备扩展进去。

3.2 综合布线系统设计

目前，国际上各综合布线产品都只提出 15 年质量保障体系，并没有提出多少年的投资保证。为了保护建筑物投资者的利益，一般要求采取"总体规划，分步实施，水平布线尽量一步到位"的方针。这是因为主干线大多数都设置在建筑物弱电井，更换或扩充比较省事。而水平布线是在建筑物的天花板内或管道里，施工费比初始投资的材料费高，如果更换水平布线，要损坏建筑结构，影响整体美观。因此，在设计水平布线，尽量选用档次较高的线缆及连接件，缩短布线周期。

3.2.1 设计步骤

设计与实现一个合理综合布线系统一般有如下步骤：

- 分析用户需求；
- 获取建筑物平面图；
- 系统结构设计；
- 布线路径设计；
- 绘制综合布线施工图；
- 编制综合布线材料清单。

在设计中，常采用星形拓扑结构布线方式，因为此方式具有多元化的功能，可以使任意子系统单独地布线，每一子系统均为一独立的单元组，更改任一子系统时，均不会影响其他子系统。

3.2.2 布线系统选型

当今市场上主要的布线系统产品，是由美国和欧洲几家公司提供的，例如：SIEMON（西蒙）、LUCENT（朗讯）、IBM、AMP（安普）等。布线系统选用时可以从容量、可靠性、数据类型和环境范围等多方面综合考虑。一般情况下，政务、金融、商业、信息产业等对网络数据要求比较高的行业和工程，国外产品占据国内高端市场的大半。而国内品牌如普天、倍讯等大多用在小区布线、家居布线等低端市场。

3.2.3 综合布线系统的设计等级

按照 GB 50311—2016 中的规定，综合布线系统的设计可以划分为 3 种标准的设计等级：基本型、增强型、综合性。

1. 基本型

适用于综合布线系统中配置标准较低的场合，用铜芯电缆组网。基本型综合布线系统配置如下：

1）每个工作区有一个信息插座；

2）每个工作区的配线电缆为一条 4 对双绞线，引至楼层配线架；

3）完全采用夹接式交接硬件；

4）每个工作区的干线电缆至少有 2 对双绞线。

2. 增强型

适用于综合布线系统中配置标准较难的场合，用铜芯电缆组网。增强型综合布线系统配置如下：

1）每个工作区有两个以上信息插座；

2）每个工作区的配线电缆为一条 4 对双绞线，引至楼层配线架；

3）完全采用夹接式或者接插式交接硬件；

4）每个工作区的干线电缆至少有 3 对双绞线。

3. 综合性

适用于综合布线系统中配置标准较高的场合，用光缆和铜芯电缆混合组网。综合型综合布线系统配置如下：

1）在基本型和增强型综合布线系统的基础上增设光缆系统；

2）在每个基本型工作区的干线电缆中至少配有 2 对双绞线；

3）在每个增强型工作区的干线电缆中至少有 3 对双绞线。

所有基本型、增强型、综合性综合布线都能支持语音、数据、图像等系统，能随工程的需要转向更高功能的布线系统。他们之间的主要区别在于：

1）支持语音和数据服务所采用的方式；

2）在移动和重新布局时实施线路管理的灵活性。

3.2.4 综合布线常用器材和工具

3.2.4.1 网络传输介质

在网络传输时，首先遇到的是通信线路和通道传输问题。目前，网络通信分为有线通信和无线通信两种。有线通信是利用电缆或者光缆或者电话线来充当传输导体的；无线通信是利用卫星、微波、红外线来充当传输导体的。

目前，在通信线路上使用的传输介质有：双绞线、大对数双绞线、光缆。

1. 双绞线线缆

双绞线（Twistedpair，TP）是一种综合布线工程中最常用的传输介质，详细介绍见第 2 章 2.1 节。双绞线是由两根具有绝缘保护层的铜导线组成。把两根具有绝缘保护层的铜导线按一定节距互相绞在一起，可降低信号干扰的程度，每一根导线在传输中辐射出来的电波被另外一根线上发出的电波抵消。

目前，双绞线可分为非屏蔽双绞线 UTP（无屏蔽双绞线）和 STP（屏蔽双绞线），屏蔽双绞线电缆的外层有铝箔包裹着，它的价格相对要高一些。

综合布线使用的双绞线的种类如图 3-1 所示。

在双绞线电缆内，不同线对具有不同的绞距长度。一般地说，4 对双绞线绞距周期在38.1mm 长度内，按逆时针方向扭矩，一线对的扭矩长度在 12.7mm 以内。

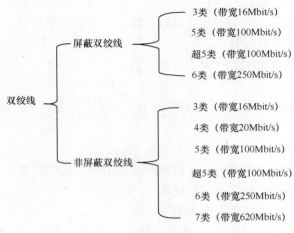

图 3-1 双绞线的种类

2. 大对数双绞线

大对数双绞线是由 25 对具有绝缘保护层的铜导线组成的。它有 3 类 25 对大对数双绞线和 5 类 25 对大对数双绞线，为用户提供更多的可用线对，并被设计扩展的传输距离上实现高速数据通信应用，传输速度为 100MHz。导线色彩由蓝、橙、绿、棕、灰、白、红、黑、黄、紫编码组成。

3. 同轴电缆

同轴电缆是由一根空心的外圆柱导体及其所包围的单根内导线所组成，详见第 2 章 2.3 节。由于它的屏蔽性能好，抗干扰能力强，通常多用于基带传输。

同轴电缆可分为两种基本类型，基带同轴电缆和宽带同轴电缆。目前基带常用的电缆，其屏蔽线是用铜做成网状的，特征阻抗 50Ω，如 RG-8、RG-58 等，宽带常用的电缆，其屏蔽层通常是用铝冲压成的。特征阻抗为 75Ω，如 RG-59 等。

同轴电缆根据其直径大小可以分为：粗同轴电缆与细同轴电缆。

细缆的直径为 0.26cm，最大传输距离 185m，十分适合架设终端设备较为集中的小型以太网络。缆线总长不要超过 185m，否则信号将严重衰减。

粗缆（RG-11）的直径为 1.27cm，最大传输距离达到 500m。由于粗缆的强度较强，最大传输距离也比细缆长，因此粗缆的主要用途是扮演网络主干角色，用来连接数个由细缆所结成的网络。

为了保持同轴电缆正确的电气特性，电缆屏蔽层必须接地。同时两头要有终端来削弱信号反射作用。

无论是粗缆还是细缆均为总线拓扑结构，即一根缆上接多部设备，这种拓扑适用于设备密集的环境。但是当一触点发生故障时，故障会串联影响到整根缆上的所有设备，故障的诊断和修复都很麻烦。所以，它逐步被非屏蔽双绞线或光缆取代。

4. 光缆

光导纤维是一种传输光束的细而柔韧的媒质。光导纤维电缆由一捆纤维组成，简称为光缆，光缆是数据传输中最有效的一种传输介质。详细介绍见第 2 章 2.2 节。

光纤通常是由石英玻璃制成，其横截面积很小的双层同心圆柱体，也称为纤芯，它质地脆，易断裂，由于这一缺点，需要外加一保护层，其结构如图 3-2 所示。

图 3-2　光纤结构

光缆是数据传输中最有效的一种传输介质，它有以下几个优点。

（1）较宽的频带　电磁绝缘性能好。光纤电缆中传输的是光束，而光束是不受外界电磁干扰影响的，而且本身也不向外辐射信号，因此它试用与长距离的信息传输以及要求高度安全的场合。

（2）衰减较小　中继器的间隔距离较大，因此整个通道中继器的数目可以减少，这样可以降低成本。而同轴电缆和双绞线在长距离使用中就需要接中继器。

光纤主要有两大类，即单模光纤和多模光纤。

单模光纤的纤芯直径很小，在给定的工作波长上只能以单一模式传输，传输频带宽，传输容量大。光信号可以沿着光纤的轴向传播，因此光信号的损耗很小，离散也很小，传播的距离较远。单模光纤 PMD 规范建议芯径为 $8 \sim 10\mu m$，包括包层直径为 $125\mu m$。

多模光纤是在给定的工作波长上，能以多个模式同时传输的光纤。多模光纤的纤芯直径一般为 $50 \sim 200\mu m$，而包层直径的变化范围为 $125 \sim 230\mu m$，计算机网络用纤芯直径为 $62.5\mu m$，包层为 $125\mu m$，也就是通常所说的 $62.5\mu m$。与单模光纤相比，多模光纤的传输性能要差。在导入波长上分单模为 1310nm 和 1550nm；多模为 850nm 和 1300nm。

按照纤芯直径可划分为以下几种。

➢ 50/125μm 缓变形多模光纤。

➢ 62.5/125μm 缓变增强型多模光纤。

➢ 10/125μm 缓变型单模光纤。

按照光纤芯的折射率分布可分为以下几种。

➢ 阶跃型光纤；

➢ 梯度型光纤；

➢ 环形光纤；

➢ W 型光纤。

5. 光纤通信系统简述

（1）光纤通信系统是以光波为载体，光导纤维为传输介质的通信方式，其主导作用的是光源、光纤、光发送机和光接收机。

➢ 光源：光源是光波产生的根源。

➢ 光纤：光纤是传输光波的导体。

➢ 光发送机：光发送机负责产生光束，将电信号转变成光信号，再把光信号导入光纤。

➢ 光接收机：光接收机负责接收从光纤上传输过来的光信号，并将它转变成电信号，经解码后再做相应处理。

（2）光纤通信系统的主要优点

➢ 传输频带宽，通信容量大，短距离时达几千兆的传输速率。

➢ 线路损耗低，传输距离远。

➢ 抗干扰能力强，应用范围广。

➢ 线径细，质量小。

➢ 抗化学腐蚀能力强。

➢ 光纤制造资源丰富。

（3）光端机是光通信的一个主要设备，主要分两大类：模拟信号光端机和数字信号光端机。

模拟信号光端机主要分为调频式光端机和调幅式光端机。由于调频式光端机比调幅式光端机的灵敏度高约16dB，所以市场上模拟信号光端机是以调频式FM光端机为主导的，调幅式光端机是很少见的。光端机一般按方向分为发射机（T）、接收机（R）、收发机（X）。作为模拟信号的FM光端机，现行市场上主要有以下几种类型。

（1）单模光端机/多模光端机：光端机根据系统的传输模式可分为单模光端机和多模光端机。一般来说单模光端机光信号传输可达几十千米的距离，模拟光端机有些型号可无中继地传输100km。而多模光端机光信号一般传输为 2～5km。

（2）数据/视频/音频光端机：光端机根据传输信号又分为数据光端机、视频光端机、音频光端机、视频/数据光端机、视频/音频光端机、视频/数据/音频光端机以及多路复用光端机。并且可作为 10～100Mbit/s 以太网（IP）数据传输功能。

（3）独立式/插卡式/标准式光端机：独立式光端机可独立使用，但需要外接电源。主要应用于系统远程设备比较分散的场合。

（4）插卡式光端机中的模块可插入插卡式机箱中工作，每个插卡式机箱为 19in 机架，具有 18 个插槽，插卡式光端机主要应用在系统的控制中心，便于系统安装和维护。

（5）标准式光端机可独立使用，标准 19in 机箱，可安装在系统远程设备及控制中心 19in 机柜中。

6. 光纤通信系统主要优点

➢ 传输频带宽，通信容量大，短距离时传输速率达几千兆。

➢ 路线损耗低，传输距离远

➢ 抗干扰能力强，应用范围广。

➢ 线径细，重量轻。

➢ 抗化学腐蚀能力强。

➢ 光纤制造资源丰富。

➢ 在网络工程中，一般是 $62.5\mu m/125\mu m$ 规格的多模光纤，有时用 $50\mu m/125\mu m$ 规格的多模光纤。户外布线大于 2km 时可选用单模光纤。

7. 光缆的种类和机械性能

（1）单芯互连光缆主要应用范围包括：跳线、内部设备连接、通信柜配线面板、墙上出口到工作站的连接和水平拉线直接端接。

主要性能及优点如下。

➢ 高性能的单模和多模光纤符合所有的工业标准。

➢ 900μm 紧密缓冲外衣易于连接与剥除。

➢ Aramid 抗拉线增强组织提高对光纤的保护。

➢ UL/CAS 验证符合 OFNR 和 OFNP 的要求。

（2）双芯互连光缆主要应用范围包括：交连跳线、水平走线、直接端接、光纤到桌、通信柜配线面板和墙上出口到工作站的连接。

双芯互连光缆除具有单芯互连光缆所有的主要性能优点之外，还具有光纤之间易于区分的优点。

（3）室外光缆 4～12 芯铠装型与全绝缘型

室外光缆有 4 芯、6 芯、8 芯、12 芯。又分铠装型和全绝缘型。

室外光缆 4～12 芯铠装型主要应用范围包括：

➢ 园区中楼宇之间的连接。

➢ 长距离网络。

➢ 主干线系统。

➢ 本地环路和支路网络。

➢ 严重潮湿，温度变化大的环境。

➢ 架空连接（和悬缆线一起使用），地下管道或直埋。

主要性能优点包括：

➢ 高性能的单模和多模光纤符合所有的工业标准。

➢ 900μm 紧密缓冲外衣易于连接与剥除。

➢ 套管内具有独立色彩编码的光纤。

➢ 轻质的单通道结构节省了管内空间，管内灌注防水凝胶，以防止水渗入。

➢ 设计和测试均根据 BellcoreGR-20-core 标准。

➢ 扩展级别 62.5/125 符合 ISO/IEC11801 标准。

➢ 抗拉线增强组织提高对光纤的保护。

➢ 聚乙烯外衣在紫外线或恶劣的室外环境中有保护作用。

➢ 低摩擦的外皮使之可轻松穿过管道，完全绝缘或铠装结构，撕剥线使剥离外表更方便。

室内/室外光缆（单管全绝缘型）主要应用范围包括：

➢ 不需任何互连情况下，由户外延伸入户内，线缆具有阻燃特性。

➢ 园区中楼宇之间的连接。

➢ 本地线路和支路网络。

➢ 严重潮湿，温度变化大的环境。

➢ 架空连接时。

➢ 地下管道或直埋。

➢ 悬吊缆/服务缆。

主要性能优点包括：

➢ 高性能的单模和多模光纤符合所有的工业标准。

➢ 设计符合低毒，无烟的要求。

➢ 套管内具有独立 TLA 彩色编码的光纤。

➢ 轻质的单通道结构节省了管内空间，管内灌注防水凝胶，以防止水渗入：注胶芯完全聚酯带包裹。

➢ 符合 ISO/IEC11801 标准。

➢ Aramid 抗拉线增强组织提高对光纤的保护。

➢ 聚乙烯外衣在紫外线或恶劣的室外环境有保护作用。

➢ 低摩擦的外衣使之可轻松穿过管道，完全绝缘或铠装结构，撕剥线使剥离外表更方便。

➢ 室外光缆有 4 芯、6 芯、8 芯、12 芯、24 芯、32 芯。

8. 吹光纤铺设技术

近年来，随着数据通信网络的迅速发展，用户出于对传输带宽、安全性等方面的考虑越来越多地采用了光纤。这里，介绍一种全新的光纤布线方式——吹光纤布线。所谓"吹光纤"即预先在建筑群中铺设特制的管道，在实际需要采用光纤进行通信时，再将光纤通过压缩空气吹入管道。

吹光纤系统由微管和微管组、吹光纤、附件和安装设备组成。

微管和微管组吹光纤的微管有两种规格：5mm 和 8mm（外径）管。所有微管外皮均采用阻燃、低烟、不含卤素的材料，在燃烧时不会产生有毒气体，符合国际标准的要求。

8mm 管内径较粗，因此吹制距离较远。每一个微管组可由 2、4 或 7 根微管组成，并按应用环境分为室内及室外两类。

在进行楼内或楼间光纤布线时，可先将微管在所需线路上布置但不将光纤吹入，只有当实际真正需要光纤通信时，才将光吹入微管进行端接。采用直径 5mm 微管，吹制距离在路由多弯曲的情况下超过 300m，在直路中可超过 500m。采用 8mm 微管，吹制距离在多弯曲的情况下超过 600m，在直路中可超过 1000m，垂直安装高度（由下向上）超过 300m。在室内环境中单微管的最小弯曲半径为 25nm，可充分适应楼内布线环境的要求。微管路由的变更也非常简便，只需将要变更的微管切断，再用微管连接头进行拼接，即可方便地完成对路由的修改，封闭和增加。

吹光纤有多模 62.5/125、50/125 和单模 3 类，每一根微管可最多容纳 4 根不同种类的光纤，由于光纤表面经过特别的处理并且重量极轻，每芯每米 0.23g，因而吹制的灵活性极强。在吹光纤安装时，对于最小弯曲半径 25mm 的弯度，在允许范围内最多可有 300 个 90°弯曲。吹光纤表面采用特殊涂层，在压缩空气进入空管时光纤可借助空气动力悬浮在空管内向前漂行。另外，由于吹光纤的内层结构与普通光纤相同，因此光纤的端接程序和设备与普通光纤一样。

附件包括 19in 光纤配线架、跳线、墙上及地面光纤出线盒，用于微管间连接的陶瓷接头等。

安装设备早期的吹光纤安装设备全重超过 130kg，设备的移动较为复杂，不易于吹光纤技术的推广。1996 年，英国 BICC 公司在原设备的基础上进行了大量改进，推出了改进型设备 IM2000，IM2000 由两个手提箱组成，总净重量不到 35kg，便于携带。该设备通过压缩空气将光纤吹入微管，吹制速度可达到每分钟 40m。

3.2.4.2 线槽规格、品种和器材

布线系统中除了线缆外，槽管是一个重要的组成部分，金属槽、PVC 槽、金属管、PVC 管是综合布线系统的基础性材料，是综合布线系统中主要使用的线槽。

1. 金属线槽和塑料线槽

金属槽由槽底和槽盖组成，每根槽一般长度为 2m，槽与槽连接时使用相应尺寸的铁板和螺钉固定。槽的外形如图 3-3 所示。

图 3-3 槽

在综合布线系统中一般使用的金属槽的规格有：50mm × 100mm、100mm × 100mm、100mm × 200mm、100mm × 300mm、200mm × 400mm 等多种规格。

塑料管的外形与上图类似，但它的品种规格更多，从型号上讲有：PVC-20 系列、PVC-25 系列、PVC-25F 系列、PVC-30 系列、PVC-40 系列、PVC-40Q 系列等。

从规格上讲有：20mm × 12mm、25mm × 12.5mm、25mm × 25mm、30mm × 15mm、40mm × 20mm 等。

与 PVC 槽配套的附件有：阳角、阴角、直转角、平三通、左三通、右三通、连接头、终端头、接线盒（阴盒、明盒）等。

2. 金属管和塑料管

金属管是用于分支结构或暗埋的线路，它的规格也有很多种，以外径 mm 为单位。

工程施工中常用的金属管有：D16、D20、D25、D32、D40、D50、D63、D25、D110 等规格。

在金属管内穿线比线槽布线难度更大一些，在选择金属管时要注意管径选择大一些，一般管内填充物占 30% 左右，以便于穿线。金属管还有一种是软管（俗称蛇皮管），供弯曲的地方使用。

塑料管产品分为两大类：PE 阻燃导管和 PVC 阻燃导管。

PE 阻燃导管是一种塑料半硬导管，按照外径有 D16、D20、D25、D32 等这 4 种规格。外观为白色，具有强度高、耐腐蚀、挠性好、内壁光滑等优点，明暗装穿线兼用，它还以盘为单位，每盘重为 25kg。

PVC 阻燃导管是以聚氯乙烯树脂为重要材料，如图 3-4 所示，加入适当的助剂，经加工设备挤压成型的刚性导管，小管径 PVC 阻燃导管可在常温下进行弯曲，便于用户使用。按照外径有：D16、D20、D25、D32、D40、D45、D63、D25、D110 等规格。

与 PVC 安装配套的附件有：接头、螺圈、弯头、弯管弹簧、一通接线盒、二通接线盒、三通接线盒、四通接线盒、开口管卡、专用截管器、PVC 黏合器等。

3. 桥架

桥架是布线行业里的一个术语，是建筑物内不可缺少的一个部分。桥架分为普通桥架、重型桥架、槽式桥架。在普通桥架中还可以分为普通型桥架、直边普通性桥架。桥架的外形如图 3-5 所示。

图 3-4   PVC 阻燃管   图 3-5   桥架

在普通桥架中，有以下主要配件供组合。

梯架、弯架、三通、四通、多节二通、凸弯通、凹弯通、盖板、弯通盖板、三通盖板、四通盖板、凸弯通盖板、凹弯通盖板、花孔托盘、花孔弯通、花孔四通托盘、垂直转角连接板、小平转角连接板、端向连接保护板、隔离板、调宽板、端口挡板等。

电子重型桥架、槽式桥架在网络布线中很少使用，因此不再叙述。

4. 线缆的槽、管铺设方法

槽的线缆铺设一般有 4 种方法。

（1）采用电缆桥架或线槽和预埋钢管结合的方式

电缆桥架宜高出地面 2.2m 以上，桥架顶部距顶棚或其他障碍物不应小于 0.3m，桥架宽度不宜小于 0.1m，桥架内断面的填充率不应超过 50%。

在电缆桥架内缆线垂直敷设时，在缆线的上端应每隔 1.5m 左右固定在桥架的支架上；水平敷设时，在缆线的首、尾、拐角处每间隔 2~3m 处进行固定。

电缆线槽宜高出地面 2.2m。在吊顶内设置时，槽盖开启面应保持 80mm 的垂直净空，线槽界面利用率不应超过 50%。

水平布线时，布放在线槽内的线缆可以不绑扎，槽内缆线应顺直，尽量不交叉，缆线不应溢出线槽，在缆线进出线槽的部位，拐角处应绑扎固定。垂直线槽布放缆线应每间隔 1.5m 固定在缆线支架上。

在水平、垂直桥架和垂直线缆中敷设线时，应对缆线进行绑扎。绑扎间距不宜大于 1.5m，扣间距应均匀，松紧适度。

设置缆线桥架和缆线槽支撑保护要求如下。

1）桥架水平敷设时，支撑间距一般为 1~1.5m，垂直敷设时固定在建筑物体上的间距不宜小于 1.5m。

2）金属线槽敷设时，在下列情况下设置支架或吊架：线槽接头处、间距 1~1.5m、离开线槽两端口 0.5m 处、拐角转角处。

3）塑料线槽槽底固定点间距一般为 0.8~1m。

（2）预埋金属线槽支撑保护方式

在建筑物中预埋线槽可视不同尺寸，按一层或两层设置，应至少预埋两根以上，线槽截面高度不宜超过 25mm。

线槽直埋长度超过 6m 或在线槽路由交叉，转变时宜设置拉线箱，以便于布放缆线和维修。

拉线箱盖应能开启，并与地面齐平，盒盖处应采取防水设施。

线槽宜采用金属管引入分线盒内。

（3）预埋暗管支撑保护方式

暗管宜采用金属管，预埋在墙体中间的暗管内径不宜超过 50mm；楼板中的暗管内径宜为 15~25mm。在直线布管 30m 处应设置暗箱等装置。

暗管的转弯角度应大于 90°，在路径上每根暗管的转弯点不得多于两个，并不宜有 S 弯出现。在弯曲布管时，每间隔 15m 应设置暗箱等装置。

暗管转变的曲率半径不应小于该管外径的 6 倍，如暗管外径大于 50mm 时，不应小于 10 倍。

暗管管口应光滑，并加有绝缘套管，管口伸出部位应为 25~50mm。

（4）格形线槽和沟槽结合的保护方式

沟槽和格形线槽必须相通。

沟槽盖板可开启，并与地面齐平，盖板和插座出口处应采取防水措施。

沟槽的宽度宜小于 600mm。

铺设活动地板，敷设缆线时，活动地板内净空不应小于 150mm，活动地板内如果作为通风系统的风道使用时，地板内净高不应小于 300mm。

采用公用立柱作为吊顶支撑时，可在立柱中布放缆线，立柱支撑点宜避开沟槽和线槽位置，支持应牢固。

不同种类的缆线布线在金属槽内时，应同槽分隔（用金属板隔开）布放。金属线槽接地应符合设计要求。

干线子系统缆线敷设支撑保护应符合下列要求。

1）缆线不得布放在电梯或管道竖井中。

2）干线通道间应相通。

3）竖井中缆线穿过每层楼板孔洞宜为矩形或圆形。矩形孔洞尺寸不宜小于 300mm × 100mm。圆孔孔洞处应至少安装 3 根圆形钢管，管径不宜小于 100mm。

4）在工作区的信息点位置和缆线敷设方式未定的情况下，或在工作区采用地毯下布放缆线时，宜设置交接箱的服务面积约为 80cm²。

5. 信息模块

信息模块是网络工程中经常使用的一种器材，且有屏蔽和非屏蔽之分。信息模块如图 3-6 所示。

信息模块满足 T-568A 超 5 类传输标准，符合 T-568A 和 T-568B 线序，适用于设备间与工作区的通信插座连接。免工具型设计，便于准确快速地完成端接，扣锁式端接帽确保导线全部端接并防止滑动。芯针触点材料 50μm 的镀金层，耐用性为 1500 次插拔。

图 3-6　信息模块

打线柱外壳材料为聚碳酸酯，IDC 打线柱夹子为磷青铜。适用于 22、24 及 26AWG（0.64、0.5 及 0.4mm）线缆，耐用性为 350 次插拔。

在 100MHz 下测试传输性能：近端串扰 44.5dB，衰减 0.17dB，回波好损 30.0dB，平均 46.3dB。

6. 面板、底盒

1）面板

常用面板分为单口面板和双口面板，面板外形尺寸符合国标 86 型、120 型。

86 面板的宽度和长度分别是 86mm，通常采用高强度塑料材料制成，适合安装在墙具，具有防尘功能，如图 3-7a 所示。

120 型面板的宽度和长度是 120mm，通常采用铜等金属材料制成，适合安装在地面，具有防尘，防水的功能，如图 3-7b 所示。

此面板适用于工作区的布线子系统，表面带嵌入式图标及标签位置，便于识别数据和语音端口，并配有防尘滑门用以保护模块，遮蔽灰尘和污物。

2）底盒

常用底盒分为明装底盒和安装底盒，如图 3-8 所示。明装底盒通常采用高强度塑料材料制成，而暗装底盒有塑料材料也有金属材料。

a)　　　　　　b)

图 3-7　面板　　　　　　　　　图 3-8　底盒

7. 配线架

配线架是管理子系统中最重要的组件，是实现垂直干线和水平布线两个子系统交叉连接的枢纽，一般放置在管理区和设备间的机柜中。配线架通常安装在机柜内，通常安装附件，配线架可以全线满足 UTP、STP、同轴电缆、光纤、音视频的需要。

在网络工程中常用的配线架有双绞线配线架和光纤配线架。

双绞线配线架的作用是管理子系统中将双绞线进行交叉连接，用在主配线间和各分配线架。双绞线配线架的型号很多，每个厂商都有自己的产品系列，并且对应 3 类、5 类、超 5 类、6 类和 7 类线缆分别有不同的规格和型号，在具体项目中，应参阅产品手册，根据实际情况进行配置。双绞线架如图 3-9 所示。

图 3-9　双绞线架

用于端接传输数据线缆的配线架采用 19in RJ- 45 口 110 配线架，此种配线架背面进线采用 110 端接方式，正面全部为 RJ- 45 口用于跳线配线，它主要分为 24 口、48 口等，全部为 19in 机架/机柜式安装。

光纤配线架的作用是在管理子系统中将光缆进行连接，通常在主配线间和各分配间进行。

8. 机柜

机柜是存放设备和线缆交接的地方。机柜以 U 为单元（1U = 44. 45mm）。

标准的机柜为：高度 482.6mm，一般情况下服务器机柜的深≥800mm，而网络机柜的深≤800mm。

网络机柜可分为以下两种：

（1）常用服务器机柜 安装立柱尺寸为 480mm（19in）。内部安装设备的空间高度一般为 1850mm（42U），如图 3-10 所示。

采用优质冷轧钢板，独特表面静电喷塑工艺，耐酸碱，耐腐蚀，保证可靠接地，防雷击。

走线简洁，前后及左右面板均可快速拆卸，方便各种设备走线。

上部安装有 2 个散热风扇。下部安装有 4 个转轴辘和 4 个固定地脚螺栓。

适用于 IBM、HP、DELL 等各种品牌导轨式上安装的机架式服务器，也可以安装普通服务器和交换机等标准 U 设备。一般安装在网络机房或是楼层设备间。

（2）壁挂式网络机柜 主要用于摆放轻巧的设备，外观轻巧美观，全柜采用全焊接式设计，牢固可靠。机柜背面有 4 个挂墙的安装孔，可将机柜挂在墙上节省空间，如图 3-11 所示。

图 3-10 常用服务器机柜　　　　　　　图 3-11 壁挂式网络机柜

小型挂墙式机柜体积小，节省机房空间。广泛用于计算机数据网络、布线、音箱设备、银行、金融、证券、地铁、机场工程、工程系统等。

3.2.4.3 布线工具

1. 打线器

该工具适用于线缆、110 型模块及配线架的连接工作，使用时需要简单将手柄上推一下，就可以完成卡接工作，如图 3-12 所示。

2. 压线钳

压线钳又称驳线钳，是用来压制水晶头的一种工具。常见的电话线接头和网线接头都是用驳线钳压制而成的, 如图 3-13 所示。

图 3-12   打线器

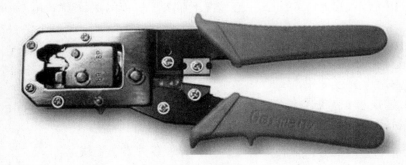

图 3-13   压线钳

3. 剥线器

剥线器不仅外形小巧且简单易用, 而且只需要一个简单的步骤就可以除去线缆的外套, 如图 3-14 所示。

3.2.5   工作区子系统设计

3.2.5.1   工作区子系统

1. 工作区

工作区子系统是一个从信息插座延伸至终端设备的区域。如图 3-15 所示, 工作区子系统是一个从信息插座延伸至终端设备的区域。工作区布线要求相对简单, 这样就容易移动、添加和变更设备。该子系统包括水平配线系统的信息插座、连接信息插座和终端设备的跳线以及适配器。

工作区的每个信息插座都应该支持电话机、数据终端、计算机及监视器等终端设备, 同时, 为了便于管理和识别, 有些厂家的信息插座做成多种颜色: 黑、白、红、蓝、绿、黄, 这些颜色的设置应符合 TIA/EIA 606 标准。

图 3-14   剥线器

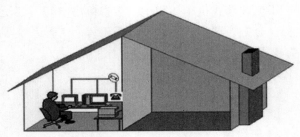

图 3-15   工作区

2. 工作区的划分原则

按照 GB 50311—2016 规定，工作区是一个独立的需要设置终端设备的区域。工作区应由配线（水平）布线系统的信息插座延伸到终端设备处的连接电缆及适配器组成。一个工作区的服务面积可按 5～10m² 估算，也可按不同的应用环境调整面积的大小。

3. 工作区适配器的选用原则

适配器的选用应遵循以下原则：

1）在设备连接器采用不同于信息插座的连接器时，可用专用电缆及适配器。

2）在单一信息插座上进行两项服务时，可用"Y"型适配器。

3）在配线（水平）子系统中选用的电缆类别（介质）不同于设备所需的电缆类别（介质）时，宜采用适配器。

4）在连接使用不同信号的数模转换设备、光电转换设备及数据速率转换设备等装置时，宜采用适配器。

5）为了特殊的应用而实现网络的兼容性时，可用转换适配器。

6）根据工作区内不同的电信终端设备（例如 ADSL 终端）可配备相应的适配器。

4. 信息插座连接技术要求

（1）信息插座与终端的连接形式

信息插座是终端（工作站）与配线子系统连接的接口。其中最常用的为 RJ45 信息插座，即 RJ45 连接器。

在实际设计时，必须保证每个 4 对双绞线电缆终接在工作区中一个 8 脚（针）的模块化插座（插头）上。

必须考虑以下 3 个因素：

➤ 各种设计选择方案在经济上的最佳折中。

➤ 系统管理的一些比较难以捉摸的因素。

➤ 在布线系统寿命期间移动和重新布置所产生的影响。

（2）信息插座与连接器的接法

对于 RJ45 连接器与 RJ45 信息插座，与 4 对双绞线的接法主要有两种：一种是 568A 标准，另一种是 568B 的标准。

3.2.5.2 工作区设计要点

● 工作区内线槽的敷设要合理、美观。

● 信息插座设计在距离地面 30cm 以上。

● 信息插座与计算机设备的距离保持在 5m 范围内。

● 网卡接口类型要与线缆接口类型保持一致。

● 所有工作区所需的信息模块、信息插座、面板的数量要准确。

工作区设计时，具体操作可按以下三步进行：

1. 根据楼层平面图计算每层楼布线面积及位置

工作区子系统包括办公室、写字间、作业间、技术室等需用电话、计算机终端、电视机等设施的区域和相应设备的统称，见表 3-1。

表 3-1　工作区子系统的面积

建筑物类型及功能	工作区面积/m²
控制机房、呼叫中心、监控中心等终端设备较为密集的场地	3 ~ 5
员工办公区	5 ~ 15
展会、展厅	10 ~ 100
商场、生产机房、娱乐场所	20 ~ 150
体育场馆、候机室、公共设施区	20 ~ 200

2. 估算信息点数量

一个独立的需要设置终端设备的区域宜划分为一个工作区，每个工作区需要设置一个计算机网络数据点或者语音电话点，或按用户需要设置。每个工作区信息点数量可按用户的性质、网络构成和需求来确定，通过表格将具体信息进行记录，见表 3-2。

表 3-2　估算信息点数量

房间号		X1		X2		X3		X4		X5		X6		X7		合　计		
楼层号		TO	TP	TO	TP	TO	TP	TO	TP	TO	TP	TO	TP	TO	TP	TO	TP	总计
三层	TO	2		2		4		4		4		4		2		22		
	TP		2		2		4		4		4		4		2		22	
二层	TO	2		2		4		4		4		4		2		22		
	TP		2		2		4		4		4		4		2		22	
一层	TO	1		1		2		2		2		2		2		12		
	TP		1		1		2		2		2		2		2			
合计	TO	5		5		10		10		10		10		6				
	TP		5		5		10		10		10		10		6			
总计																		112

3. 确定信息点面板的类型

地弹插座面板一般为黄铜制造，只适合在地面安装，地弹插座面板一般都具有防水、防尘、抗压功能，使用时打开盖板，不使用时，盖好盖板与地面高度相同，如图 3-16 所示。

墙面插座面板一般为塑料制造，只适合在墙面安装，具有防尘功能，使用时打开防尘盖，不使用时，防尘盖自动关闭，如图 3-17 所示。

图 3-16　地弹插座面板

图 3-17　墙面插座面板

桌面型面板一般为塑料制造，适合安装在桌面或者台面，在综合布线系统设计中很少应用。

信息点插座底盒常见的有两个规格，适合墙面或者地面安装。墙面安装底盒为长86mm，宽86mm的正方形盒子，设置有2个M4螺孔，孔距为60mm，又分为暗装和明装两种，暗装底盒的材料有塑料和金属材质两种，暗装底盒外观比较粗糙。明装底盒外观美观，一般由塑料注塑。

地面安装底盒比墙面安装底盒大，为长100mm，宽100mm的正方形盒子，深度为55mm（或65mm），设置有两个M4螺孔，孔距为84mm，一般只有暗装底盒，由金属材质一次冲压成型，表面电镀处理。面板一般为黄铜材料制成，常见有方形和圆形面板两种，方形的长为120mm，宽120mm。

3.2.5.3 工作区子系统的工程技术

1. 底盒安装

明装底盒经常在改扩建工程墙面明装方式布线时使用，一般为白色塑料盒，外形美观，表面光滑，外形尺寸比面板稍小一些，长84mm，宽84mm，深36mm，底板上有2个直径6mm的安装孔，用于将底座固定在墙面，正面有2个M4螺孔，用于固定面板，侧面预留有上下进线孔，如图3-18所示。

暗装底盒一般在新建项目和装饰工程中使用，暗装底盒常见的有金属和塑料两种。塑料底盒一般为白色，一次注塑成型，表面比较粗糙，外形尺寸比面板小一些，常见尺寸为长80mm、宽80mm、深50mm，5面都预留有进出线孔，方便进出线，底板上有两个安装孔，用于将底座固定在墙面，正面有两个M4螺孔，用于固定面板，如图3-19所示。

图3-18 明装底盒

图3-19 暗装底盒

金属底盒一般一次冲压成型，表面都进行电镀处理，避免生锈，尺寸与塑料底盒基本相同。

暗装底盒只能安装在墙面或者装饰隔断内，安装面板后就隐蔽起来了。施工中不允许把暗装底盒明装在墙面上。

暗装塑料底盒一般在土建工程施工时安装，直接与穿线管端头连接固定在建筑物墙内或者立柱内，外沿低于墙面10mm，中心距离地面高度为300mm或者按照施工图样规定高度安装。底盒安装好以后，必须用钉子或者水泥砂浆固定在墙内。

需要在地面安装网络插座时，盖板必须具有防水、抗压和防尘功能，一般选用120系列金属面板，配套的底盒宜选用金属底盒，一般金属底盒比较大，常见规格为长100mm，宽100mm，中间有两个固定面板的螺钉孔，5个面都预留有进出线孔，方便进出线。地面金属底盒安装后一般应低于地面 10～20mm，注意这里的地面是指装修后地面。

在扩建改建和装饰工程安装网络面板时，为了美观一般宜采取暗装底盒，必要时要在墙面或者地面进行开槽安装。

各种底盒安装时，一般按照下列步骤。

（1）目视检查产品的外观合格　特别检查底盒上的螺丝孔必须正常，如果其中有一个螺钉孔损坏时坚决不能使用。因为底盒一侧的螺钉孔已经损坏，施工人员用木头替代其功能，在正规施工过程中，像这样的操作是严令禁止的，一是不符合施工规范，二是存在安全隐患。

（2）取掉底盒挡板　根据进出线的具体方向和位置，取掉底盒预设孔中的挡板。没有进线方向的挡板不应拆除，防止在施工过程中，有石灰、颗粒等其他物质进入底盒，影响底盒内的清洁，同时也防止一些锐利的物品对施工人员的身体造成伤害。

（3）固定底盒　明装底盒按照设计要求用膨胀螺栓直接固定在墙面。暗装底盒首先使用专门的管接头把线管和底盒连接起来，这种专用接头的管口有圆弧，既方便穿线，又能保护线缆不会划伤或者损坏，然后用膨胀螺栓或者水泥砂浆固定底盒。

（4）成品保护　暗装底盒一般在土建过程中进行，因此在底盒安装完毕后，必须进行成品保护，特别是安装螺孔，防止水泥砂浆灌入螺孔或者穿线管内。一般做法是在底盒螺孔和管口塞纸团，也有用胶带纸保护螺孔的做法。

2. 模块安装

模块安装时，一般按照下列步骤，如图 3-20 所示。

1）准备材料和工具。

2）清理和标记。

3）剪掉多余线头。

4）剥线。

5）压线。将双绞线的 8 芯线，安装模块颜色的提示，逐一挤压在模块内。

6）装好防尘盖。

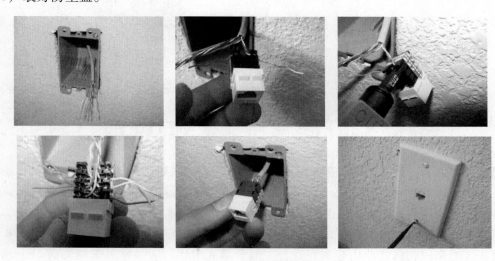

图 3-20　模块安装

3. 面板安装

面板安装是信息插座最后一个工序，一般应该在端接模块后立即进行，保护模块。安装时将模块卡接到面板接口中。如果双口面板上有网络和电话插口标记时，按照标记口位置安装。如果双口面板上没有标记时，宜将网络模块安装在左边，电话模块安装在右边，并且在面板表面做好标记。

3.2.6 配线子系统设计

3.2.6.1 配线子系统的基本结构

配线子系统是综合布线结构的一部分，它将干线子系统线路延伸到用户工作区，实现信息插座和管理间子系统的连接，包括工作区与楼层配线间之间的所有电缆、连接硬件（信息插座、插头、端接水平传输介质的配线架、跳线架等）、跳线线缆及附件。

它与干线子系统的区别是：配线子系统总是在一个楼层上，仅与信息插座、管理间子系统连接。

3.2.6.2 配线子系统的布线基本要求

相对于干线子系统而言，配线子系统一般安装得十分隐蔽。在智能大厦交工后，该子系统很难接近，因此更换和维护水平线缆的费用很高、技术要求也很高。如果我们经常对配线线缆进行维护和更换的话，就会影响大厦内用户的正常工作，严重者就要中断用户的通信系统。由此可见，配线子系统的管路敷设、线缆选择将成为综合布线系统中重要的组成部分。

水平布线应采用星型拓扑结构，如图 3-21 所示，每个工作区的信息插座都要和管理区相连。每个工作区一般需要提供语音和数据两种信息插座。

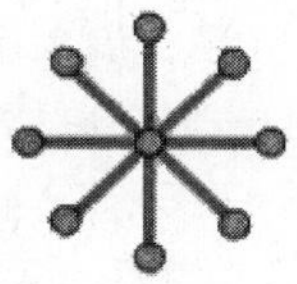

星型

图 3-21 星型拓扑结构

3.2.6.3 配线子系统设计应考虑的几个问题

1）配线子系统应根据楼层用户类别及工程提出的近、远期终端设备要求确定每层的信息点（TO）数，在确定信息点数及位置时，应考虑终端设备将来可能产生的移动、修改、重新安排，以便于对一次性建设和分期建设的方案选定。

2）当工作区为开放式大密度办公环境时，宜采用区域式布线方法，即从楼层配线设备（FD）上将多对数电缆布至办公区域，根据实际情况采用合适的布线方法，也可通过集合点（CP）将线引至信息点（TO）。

3）配线电缆宜采用八芯非屏蔽双绞线，语音口和数据口宜采用 5 类、超 5 类或 6 类双绞线，以增强系统的灵活性，对高速率应用场合，宜采用多模或单模光纤，每个信息点的光纤宜为四芯。

4）信息点应为标准的 RJ45 型插座，并与线缆类别相对应，多模光纤插座宜采用 SC 接插形式，单模光纤插座宜采用 FC 插接形式。信息插座应在内部做固定连接，不得空线、空脚。要求屏蔽的场合，插座须有屏蔽措施。

5）配线子系统可采用吊顶上、地毯下、暗管、地槽等方式布线。

6）信息点面板应采用国际标准面板。

3.2.6.4 配线子系统设计要点

1. 计算配线布线的距离

配线布线子系统要求在 90m 的距离范围内，这个距离范围是指从楼层接线间的配线架到工作区的信息点的实际长度。与水平布线子系统有关的其他线缆，包括配线架上的跳线和工作区的连线总共不应超过90m。一般要求跳线长度小于6m，信息连线长度小于3m，这一规则有时也称为90 + 6 + 3规则。

在实际工程应用中，因为拐弯、中间预留、缆线缠绕、与强电避让等原因，实际布线的长度往往会超过设计长度。如土建墙面的埋管一般是直角拐弯，实际布线长度比斜角要大一些。因此在计算工程用线总长度时，要考虑一定的余量。

确定电缆的长度有三种计算方法可供参考：

（1）订货总量（总长度）= 所需总长 + 所需总长 × 10% + n × 6，其中：所需总长指n条布线电缆所需的理论长度；所需总长 × 10%为备用部分；n × 6为端接容差。

（2）整幢楼的用线量 = $\sum NC$

其中，N——楼层数；

C——每层楼用线量，$C = [0.55 × (L + S) + 6] × n$；

L——本楼层离水平间最远的信息点距离；

S——本楼层离水平间最近的信息点距离；

n——本楼层的信息插座总数；

0.55——备用系数；

6——端接容差。

（3）总长度 = $A + B/2 × N × 3.3 × 1.2$

其中，A——最短信息点长度；

B——最长信息点长度；

N——楼内需要安装的信息点数；

3.3——系数3.3，将米（m）换成英尺（ft）；

1.2——余量参数（富余量）。

$$用线箱数 = 总长度/1000 + 1$$

双绞线一般以箱为单位订购，每箱双绞线长度为305m。

例如：已知某一楼宇共有6层，每层信息点数为20个，每个楼层的最远信息插座离楼层管理间的距离均为60m，每个楼层的最近信息插座离楼层管理间的距离均为10m，请估算出整座楼宇的用线量。

解答：根据题目要求知道：

楼层数$M = 20$；

最远点信息插座距管理间的距离$F = 60m$；

最近点信息插座距管理间的距离$N = 10m$；

因此，每层楼用线量$C = [0.55(60 + 10) + 6] × 20m = 890m$；

整座楼共6层，因此整座楼的用线量$S = 890 × 6m = 5340m$。

2. 管道线缆的布放根数

在水平布线系统中，缆线必须安装在线槽或者线管内。

在建筑物墙或者地面内暗设布线时，一般选择线管，不允许使用线槽。

在建筑物墙明装布线时，一般选择线槽，很少使用线管。

选择线槽时，建议宽高之比为2:1，这样布出的线槽较为美观、大方。

选择线管时，建议使用满足布线根数需要的最小直径线管，这样能够降低布线成本。

缆线布放在管与线槽内的管径与截面利用率，应根据不同类型的缆线做不同的选择。管内穿放大对数电缆或4芯以上光缆时，直线管路的管径利用率应为50%～60%，弯管路的管径利用率应为40%～50%。管内穿放4对对绞电缆或4芯光缆时，截面利用率应为25%～35%。布放缆线在线槽内的截面利用率应为30%～50%。见表3-3和表3-4。

表3-3 线槽规格型号与容纳双绞线最多条数表

线槽/桥架类型	线槽/桥架规格/mm²	容纳双绞线最多条数	截面利用率
PVC	20×12	2	30%
PVC	25×12.5	4	30%
PVC	30×16	7	30%
PVC	39×19	12	30%
金属、PVC	50×25	18	30%
金属、PVC	60×30	23	30%
金属、PVC	75×50	40	30%
金属、PVC	80×50	50	30%
金属、PVC	100×50	60	30%
金属、PVC	100×80	80	30%
金属、PVC	150×75	100	30%
金属、PVC	200×100	150	30%

表3-4 线管规格型号与容纳双绞线最多条数表

线管类型	线管规格/mm	容纳双绞线最多条数	截面利用率
PVC、金属	16	2	30%
PVC	20	3	30%
PVC、金属	25	5	30%
PVC、金属	32	7	30%
PVC	40	11	30%
PVC、金属	50	15	30%
PVC、金属	63	23	30%
PVC	80	30	30%
PVC	100	40	30%

3. 布线弯曲半径要求

布线中如果不能满足最低弯曲半径要求，双绞线电缆的缠绕节距会发生变化，严重时，电缆可能会损坏，直接影响电缆的传输性能。缆线的弯曲半径应符合下列规定：

1）非屏蔽4对对绞电缆的弯曲半径应至少为电缆外径的4倍。

2）屏蔽4对对绞电缆的弯曲半径应至少为电缆外径的8倍。

3）主干对绞电缆的弯曲半径应至少为电缆外径的10倍。

4）2芯或4芯水平光缆的弯曲半径应大于25mm。

5）光缆容许的最小曲率半径在施工时应当不小于光缆外径的20倍，施工完毕应当不小于光缆外径的 15 倍。

其他芯数的水平光缆、主干光缆和室外光缆的弯曲半径应至少为光缆外径的 10 倍，见表 3-5。

表 3-5　管线敷设允许的弯曲半径

缆 线 类 型	弯曲半径/倍
4 对非屏蔽电缆	不小于电缆外径的 4 倍
4 对屏蔽电缆	不小于电缆外径的 8 倍
大对数主干电缆	不小于电缆外径的 10 倍
2 芯或 4 芯室内光缆	>25mm
其他芯数和主干室内光缆	不小于光缆外径的 10 倍
室外光缆、电缆	不小于缆线外径的 20 倍

3.2.6.5　配线子系统的工程技术

1. 配线子系统的布线曲率半径

布线施工中布线曲率半径直接影响永久链路的测试指标，多次的实验和工程测试经验表明，如果布线曲率半径小于标准规定时，永久链路测试不合格，特别是 6 类布线系统中，曲率半径对测试指标影响非常大。

布线施工中穿线和拉线时缆线拐弯曲率半径往往是最小的，一个不符合曲率半径的拐弯经常会破坏整段缆线的内部物理结构，甚至严重影响永久链路的传输性能，在竣工测试中，永久链路会有多项测试指标不合格，而且这种影响经常是永久性的，无法恢复的。

在布线施工拉线过程中，缆线宜与管中心线尽量相同，如图 3-22a 所示，以现场允许的最小角度按照 A 方向或者 B 方向拉线，保证缆线没有拐弯，保持整段缆线的曲率半径比较大，这样不仅施工轻松，而且能够避免缆线护套和内部结构的破坏。

在布线施工拉线过程中，缆线不要与管口形成 90° 拉线，如图 3-22b 所示，这样就在管口形成了 1 个 90° 直角的拐弯，不仅施工拉线困难费力，而且容易造成缆线护套和内部结构的破坏。

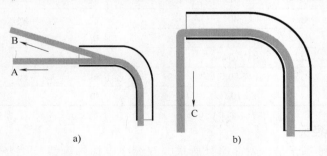

图 3-22　缆线与管口角度

在布线施工拉线过程中，必须坚持直接手持拉线，不允许将缆线缠绕在手中或者工具上拉线，也不允许用钳子夹住缆线中间缆线，这样操作时缠绕部分的曲率半径会非常小，夹持部分结构变形，直接破坏缆线内部结构或者护套。

如果遇到缆线距离很长或拐弯很多，手持拉线非常困难时，可以将缆线的端头捆扎在穿线器端头或铁丝上，用力拉穿线器或丝。缆线穿好后将受过捆扎部分的缆线剪掉。

穿线时，一般从信息点向楼道或楼层机柜穿线，一端拉线，另一端必须有专人放线和护线，保持缆线在管入口处的曲率半径比较大，避免缆线在入口或者箱内打折形成死结或者曲率半径很小。

2. 配线子系统暗埋缆线的安装和施工

配线子系统暗埋缆线施工程序一般如下：

土建埋管→穿钢丝→安装底盒→穿线→标记→压接模块→标记。

墙内暗埋管一般使用 ϕ16mm 或 ϕ20mm 的穿线管，ϕ16mm 管内最多穿两条网络双绞线，ϕ20mm 管内最多穿 3 条网络双绞线。

金属管一般使用专门的弯管器成型，如图 3-23 所示，拐弯半径比较大，能够满足双绞线对曲率半径的要求。在钢管现场截断和安装施工中，必须清理干净截断时出现的毛刺，保持截断端面的光滑，两根钢管对接时必须保持接口整齐，没有错位，焊接时不要焊透管壁，避免在管内形成焊渣。金属管内的

图 3-23　弯管器

毛刺、错口、焊渣、垃圾等都会影响穿线，甚至损伤缆线的护套或内部结构。

墙内暗埋 ϕ16mm、ϕ20mm PVC 塑料布线管时，要特别注意拐弯处的曲率半径。宜用弯管器现场制作大拐弯的弯头连接，这样既保证了缆线的曲率半径，又方便轻松拉线，降低布线成本，保护线缆结构。

图 3-24a 以在直径 20mm 的 PVC 管内穿线为例进行计算和说明曲率半径的重要性。按照 GB 50311—2016 的规定，非屏蔽双绞线的拐弯曲率半径不小于电缆外径的 4 倍。电缆外径按照 6mm 计算，拐弯半径必须大于 24mm。

拐弯连接处不宜使用市场上购买的弯头。目前，市场上没有适合网络综合布线使用的大拐弯 PVC 弯头，只有适合电气和水管使用的 90°弯头，因为塑料件注塑脱模原因，无法生产大拐弯的 PVC 塑料弯头，图 3-24b 表示了市场购买的 ϕ20mm 电气穿线管弯头在拐弯处的曲率半径，拐弯半径只有 5mm，只有 5/6 = 0.83 倍，远远低于标准规定的 4 倍。

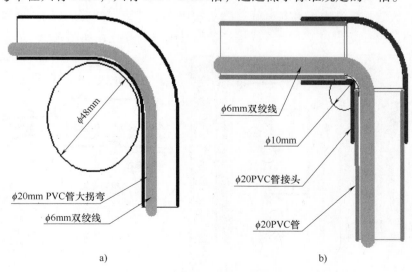

a)　　　　　　　　　　　　　b)

图 3-24　拐弯半径

3. 配线子系统明装线槽布线的施工

配线子系统明装线槽布线施工一般从安装信息点插座底盒开始，程序如下：

安装底盒→钉线槽→布线→装线槽盖板→压接模块→标记。

墙面明装布线时宜使用 PVC 线槽，拐弯处曲率半径容易保证，如图 3-25 所示。图中以宽度 20mm 的 PVC 线槽为例说明单根直径 6mm 的双绞线缆线在线槽中最大弯曲情况和布线最大曲率半径值为 45mm（ϕ90mm），布线弯曲半径与双绞线外径的最大倍数为 45/6＝7.5 倍。

安装线槽时，首先在墙面测量并且标出线槽的位置，在建工程以 1m 线为基准，保证水平安装的线槽与地面或楼板平行，垂直安装的线槽与地面或楼板垂直，没有可见的偏差。

拐弯处宜使用 90°弯头或者三通，线槽端头安装专门的堵头。

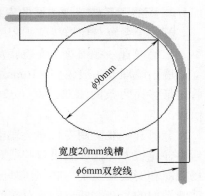

图 3-25　拐弯处曲率半径

线槽布线时，先将缆线布放到线槽中，边布线边装盖板，在拐弯处保持缆线有比较大的拐弯半径。完成安装盖板后，不要再拉线，如果拉线力量过大会改变线槽拐弯处的缆线曲率半径。安装线槽时，用水泥钉或者自攻螺纹把线槽固定在墙面上，固定距离为 300mm 左右，必须保证长期牢固。两根线槽之间的接缝必须小于 1mm，盖板接缝宜与线槽接缝错开。

4. 配线子系统桥架布线施工

配线子系统桥架布线施工一般用在楼道或者吊顶上，程序如下：

画线确定位置→装支架（吊杆）→装桥架→布线→装桥架盖板→压接模块→标记。

配线子系统在楼道墙面宜安装比较大的塑料线槽，例如宽度 60mm、100mm、150mm 白色 PVC 塑料线槽，具体线槽高度必须按照需要容纳双绞线的数量来确定，选择常用的标准线槽规格，不要选择非标准规格。安装方法是首先根据各个房间信息点出线管口在楼道高度，确定楼道大线槽安装高度并且画线，其次按照 2 或 3 处/m 将线槽固定在墙面，楼道线槽的高度宜遮盖墙面管出口，并且在线槽遮盖的管出口处开孔，如图 3-26 所示。

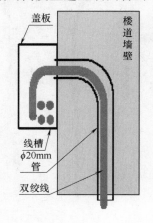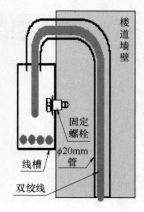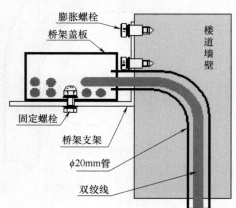

图 3-26　楼道线槽的高度

如果各个信息点管出口在楼道高度偏差太大时，宜将线槽安装在管出口的下边，将双绞线通过弯头引入线槽，这样施工方便，外形美观。

将楼道全部线槽固定好以后，再将各个管口的出线逐一放入线槽，边放线边盖板，放线时注意拐弯处保持比较大的曲率半径。

在楼道墙面安装金属桥架时，安装方法也是首先根据各个房间信息点出线管口在楼道高度，确定楼道桥架安装高度并且画线，其次先安装L型支架或者三角形支架，按照2或3个/m。支架安装完毕后，用螺栓将桥架固定在每个支架上，并且在桥架对应的管出口处开孔。

3.2.7 管理间子系统设计

3.2.7.1 管理间子系统

许多大楼在综合布线时均考虑在每一楼层都设立一个管理间，用来管理该层的信息点，摒弃了以往几层共享一个管理间子系统的做法，这也是布线的发展趋势，管理间子系统（Administration Subsystem）由交连、互联和I/O组成。管理间为连接其他子系统提供手段，它是连接干线子系统和水平干线子系统的设备，其主要设备是配线架、交换机、机柜和电源。

在综合布线系统中，管理间子系统包括了楼层配线间、二级交接间、建筑物设备间的线缆、配线架及相关接插跳线等组成。通过综合布线系统的管理间子系统，可以直接管理整个应用系统终端设备，从而实现综合布线的灵活性、开放性和扩展性。

3.2.7.2 管理间子系统的划分原则

管理间（电信间）主要为楼层安装配线设备（为机柜、机架、机箱等安装方式）和楼层计算机网络设备（Hub或SW）的场地，并可考虑在该场地设置缆线竖井等电位接地体、电源插座、UPS配电箱等设施。在场地面积满足的情况下，也可设置建筑物安防、消防、建筑设备监控系统、无线信号等系统的布缆线槽和功能模块的安装。如果综合布线系统与弱电系统设备合设于同一场地，从建筑的角度出发，一般也称为弱电间。

现在，许多大楼在综合布线时都考虑在每一楼层都设立一个管理间，用来管理该层的信息点，改变了以往几层共享一个管理间子系统的做法，这也是综合布线的发展趋势。

管理间子系统设置在楼层配线房间，是水平系统电缆端接的场所，也是主干系统电缆端接的场所。它由大楼主配线架、楼层分配线架、跳线、转换插座等组成。用户可以在管理间子系统中更改、增加、交接、扩展缆线。从而改变缆线路由。如图3-27所示。

管理间子系统中以配线架为主要设备，配线设备可直接安装在19in机架或者机柜上。

图3-27 管理间子系统

管理间房间面积的大小一般根据信息点多少安排和确定，如果信息点多，就应该考虑一个单独的房间来放置，如果信息点很少时，也可采取在墙面安装机柜的方式。

3.2.7.3 管理间子系统的工程技术

1. 机柜安装要求

GB 50311—2016第6章安装工艺要求内容中，对机柜的安装有如下要求。

一般情况下，综合布线系统的配线设备和计算机网络设备采用 19in 标准机柜安装。机柜尺寸通常为 600mm（宽）×900mm（深）×2000mm（高），共有 42U 的安装空间。机柜内可安装光纤连接盘、RJ45（24 口）配线模块、多线对卡接模块（100 对）、理线架、计算机 Hub/SW 设备等。如果按建筑物每层电话和数据信息点各为 200 个考虑配置上述设备，大约需要有 2 个 19in（42U）的机柜空间，以此测算电信间面积至少应为 $5m^2$（$2.5m×2.0m$）。对于涉及布线系统设置内、外网或专用网时，19in 机柜应分别设置，并在保持一定间距的情况下预测电信间的面积。对于管理间子系统来说，多数情况下采用 6U~12U 壁挂式机柜，一般安装在每个楼层的竖井内或者楼道中间位置。具体安装方法采取三角支架或者膨胀螺栓固定机柜。

2. 电源安装要求

管理间的电源一般安装在网络机柜的旁边，安装 220V（三孔）电源插座。如果是新建建筑，一般要求在土建施工过程时按照弱电施工图上标注的位置安装到位。

3. 通信跳线架的安装

通信跳线架主要是用于语音配线系统。一般采用 110 跳线架，主要是上级程控交换机过来的接线与到桌面终端的语音信息点连接线之间的连接和跳接部分，便于管理、维护、测试。

其安装步骤如下：

1）取出 110 跳线架和附带的螺钉。

2）利用十字螺钉旋具把 110 跳线架用螺钉直接固定在网络机柜的立柱上。

3）理线。

4）按打线标准把每个线芯按照顺序压在跳线架下层模块端接口中。

5）把 5 对连接模块用力垂直压接在 110 跳线架上，完成下层端接。

4. 网络配线架的安装

网络配线架安装要求如下：

1）在机柜内部安装配线架前，首先要进行设备位置规划或按照图样规定确定位置，统一考虑机柜内部的跳线架、配线架、理线环、交换机等设备。同时考虑配线架与交换机之间跳线方便。

2）缆线采用地面出线方式时，一般缆线从机柜底部穿入机柜内部，配线架宜安装在机柜下部。采取桥架出线方式时，一般缆线从机柜顶部穿入机柜内部，配线架宜安装在机柜上部。缆线采取从机柜侧面穿入机柜内部时，配线架宜安装在机柜中部。

3）配线架应该安装在左右对应的孔中，水平误差不大于 2mm，更不允许左右孔错位安装。

网络配线架的安装步骤如下：

1）检查配线架和配件完整。

2）将配线架安装在机柜设计位置的立柱上。

3）理线。

4）端接打线。

5）做好标记，安装标签条。

5. 交换机安装

交换机安装前首先检查产品外包装完整和开箱检查产品，收集和保存配套资料。一般包括交换机、2 个支架、4 个橡皮脚垫和 4 个螺钉、1 根电源线、1 个理线环。然后准备安装交换机，一般步骤如下：

1）从包装箱内取出交换机设备。

2）给交换机安装两个支架，安装时要注意支架方向。

3）将交换机放到机柜中提前设计好的位置，用螺钉固定到机柜立柱上，一般交换机上下要留一些空间用于空气流通和设备散热。

4）将交换机外壳接地，将电源线拿出来插在交换机后面的电源接口。

5）完成上面几步操作后就可以打开交换机电源了，开启状态下查看交换机是否出现抖动现象，如果出现请检查脚垫高低或机柜上的固定螺钉松紧情况。

注意：拧取这些螺钉的时候不要过于紧，否则会让交换机倾斜，也不能过于松垮，这样交换机在运行时不会稳定，工作状态下设备会抖动。

6. 理线环的安装

理线环的安装步骤如下：

1）取出理线环和所带的配件——螺钉包。

2）将理线环安装在网络机柜的立柱上。

注意：在机柜内设备之间的安装距离至少留 1U 的空间，便于设备的散热。

7. 编号和标记

完整的标记应包含以下的信息：建筑物名称、位置、区号、起始点和功能。

综合布线系统一般常用三种标记：电缆标记、场标记和插入标记，其中插入标记用途最广。

（1）电缆标记 电缆标记主要用来标明电缆来源和去处，在电缆连接设备前电缆的起始端和终端都应做好电缆标记。电缆标记由背面为不干胶的白色材料制成，可以直接贴到各种电缆表面上，其规格尺寸和形状根据需要而定。例如，1 根电缆从三楼的 311 房的第 1 个计算机网络信息点拉至楼层管理间，则该电缆的两端应标记上"311-D1"的标记，其中"D"表示数据信息点。

（2）场标记 场标记又称为区域标记，一般用于设备间、配线间和二级交接间的管理器件之上，以区别管理器件连接线缆的区域范围。它也是由背面为不干胶的材料制成，可贴在设备醒目的平整表面上。

（3）插入标记 插入标记一般管理器件上，如 110 配线架、BIX 安装架等。插入标记是硬纸片，可以插在 1.27cm×20.32cm 的透明塑料夹里，这些塑料夹可安装在两个 110 接线块或两根 BIX 条之间。每个插入标记都用色标来指明所连接电缆的源发地，这些电缆端接于设备间和配线间的管理场。对于插入标记的色标，综合布线系统有较为统一的规定。

3.2.8 干线子系统设点

3.2.8.1 干线子系统的基本概念

干线子系统是综合布线系统中非常关键的组成部分，它由设备间子系统与管理间子系统的引入口之间的布线组成，采用大对数电缆或光缆。两端分别连接在设备间和楼层配线间的配线架上。它是建筑物内综合布线的主馈缆线，是楼层配线间与设备间之间垂直布放（或空间较大的单层建筑物的水平布线）缆线的统称，如图 3-28 所示。

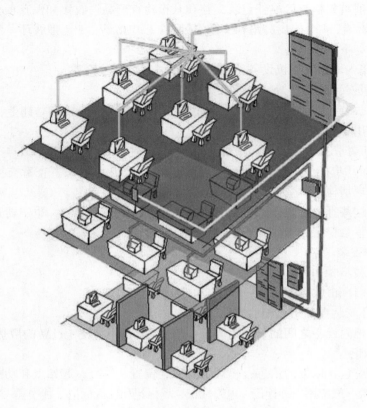

图 3-28　干线子系统

干线子系统包括：

1）供各条干线接线间之间的电缆走线用的竖向或横向通道；

2）主设备间与计算机中心间的电缆。

干线子系统的任务是通过建筑物内部的传输电缆，把各个服务接线间的信号传送到设备间，直到传送到最终接口，再通往外部网络。

干线子系统的结构是一个星形结构。

3.2.8.2　干线子系统的工程技术

1. 干线子系统布线线缆选择

根据建筑物的结构特点以及应用系统的类型，决定选用干线线缆的类型。在干线子系统设计常用以下 5 种线缆：

1）4 对双绞线电缆（UTP 或 STP）；

2）100Ω 大对数对绞电缆（UTF 或 STP）；

3）62.5/125μm 多模光缆；

4）8.3/125μm 单模光缆；

5）75Ω 有线电视同轴电缆。

目前，针对电话语音传输一般采用 3 类大对数对绞电缆（25 对、50 对、100 对等规格），针对数据和图像传输采用光缆或 5 类以上 4 对双绞线电缆以及 5 类大对数对绞电缆，针对有线电视信号的传输采用 75Ω 同轴电缆。要注意的是，由于大对数线缆对数多，很容易造成相互间的干扰，因此很难制造超 5 类以上的大对数对绞电缆，为此 6 类网络布线系统通常使用 6 类 4 对双绞线电缆或光缆作为主干线缆。在选择主干线缆时，还要考虑主干线缆的长度限制，如 5 类以上 4 对双绞线电缆在应用于 100Mbit/s 的高速网络系统时，电缆长度不宜超过 90m，否则宜选用单模或多模光缆。

2. 干线子系统布线通道的选择

垂直线缆的布线路由的选择主要依据建筑的结构以及建筑物内预埋的管道而定。目前垂直型的干线布线路由主要采用电缆孔和电缆井两种方法。对于单层平面建筑物水平型的干线布线路由主要用金属管道和电缆托架两种方法。

干线子系统垂直通道有下列 3 种方式可供选择：

（1）电缆孔方式　通道中所用的电缆孔是很短的管道，通常用一根或数根外径 63~102mm 的金属管预埋在楼板内，金属管高出地面 25~50mm，也可直接在地板中预留一个大小适当的孔洞。电缆往往捆在钢绳上，而钢绳固定在墙上已铆好的金属条上。当楼层配线间上下都对齐时，一般可采用电缆孔方法。如图 3-29 所示。

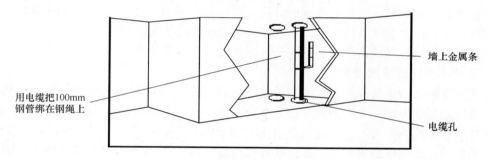

图 3-29　电缆孔方式

（2）管道方式　包括明管或暗管敷设。

（3）电缆竖井方式　在新建工程中，推荐使用电缆竖井的方式。

电缆井是指在每层楼板上开出一些方孔，一般宽度为 30cm，并有 2.5cm 高的井栏，具体大小要根据所布线的干线电缆数量而定，与电缆孔方法一样，电缆也是捆扎或箍在支撑用的钢绳上，钢绳靠墙上的金属条或地板三角架固定。离电缆井很近的墙上的立式金属架可以支撑很多电缆。电缆井比电缆孔更为灵活，可以让各种粗细不一的电缆以任何方式布设通过。但在建筑物内开电缆井造价较高，而且不使用的电缆井很难防火。如图 3-30 所示。

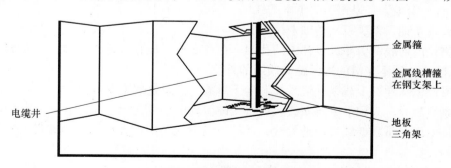

图 3-30　电缆竖井方式

3. 干线子系统线缆容量的计算

在确定干线线缆类型后，便可以进一步确定每个层楼的干线容量。一般而言，在确定每层楼的干线类型和数量时，都要根据楼层配线子系统所有的各个语音、数据、图像等信息插座的数量来进行计算的。具体计算的原则如下：

1）语音干线可按一个电话信息插座至少配 1 个线对的原则进行计算。

2）计算机网络干线对容量计算原则是：电缆干线按 24 个信息插座配 2 对对绞线，每一个交换机或交换机群配 4 对对绞线；光缆干线按每 48 个信息插座配 2 芯光纤。

3）当楼层信息插座较少时，在规定长度范围内，可以多个楼层共用交换机，并合并计算光纤芯数。

4）如有光纤到用户桌面的情况，光缆直接从设备间引至用户桌面，干线光缆芯数应不包含这种情况下的光缆芯数。

5）主干系统应留有足够的余量，以作为主干链路的备份，确保主干系统的可靠性。

4. 干线子系统缆线的绑扎

干线子系统敷设缆线时，应对缆线进行绑扎。对绞电缆、光缆及其他信号电缆应根据缆线的类别、数量、缆径、缆线芯数分束绑扎。绑扎间距不宜大于 1.5m，间距应均匀，防止线缆应重量产生拉力造成线缆变形，不宜绑扎过紧或使缆线受到挤压。

在绑扎缆线的时候特别注意的是应该按照楼层进行分组绑扎。

5. 干线子系统缆线敷设方式

干线是建筑物的主要线缆，它为从设备间到每层楼上的管理间之间传输信号提供通路。干线子系统的布线方式有垂直型的，也有水平型的，这主要根据建筑的结构而定。大多数建筑物都是垂直向高空发展的，因此很多情况下会采用垂直型的布线方式。但是也有很多建筑物是横向发展，如飞机场候机厅、工厂仓库等建筑，这时也会采用水平型的主干布线方式。因此主干线缆的布线路由既可能是垂直型的，也可能是水平型的，或是两者的综合。

在新的建筑物中，通常利用竖井通道敷设垂直干线。

在竖井中敷设垂直干线一般有两种方式：向下垂放电缆和向上牵引电缆。相比较而言，向下垂放比向上牵引容易。

向下垂放线缆的一般步骤：

1）把线缆卷轴放到最顶层。

2）在离房子的开口（孔洞处）3～4m 处安装线缆卷轴，并从卷轴顶部馈线。

3）在线缆卷轴处安排所需的布线施工人员（人数视卷轴尺寸及线缆质量而定），另外每层楼要有一个工人，以便引寻下垂的线缆。

4）旋转卷轴，将线缆从卷轴上拉出。

5）将拉出的线缆引导进竖井中的孔洞。在此之前，先在孔洞中安放一个塑料的套状保护物，以防止孔洞不光滑的边缘擦破线缆的外皮。

6）慢慢地从卷轴上放缆并进入孔洞向下垂放，注意速度不要过快。

7）继续放线，直到下一层布线人员将线缆引到下一个孔洞。

8）按前面的步骤继续慢慢地放线，并将线缆引入各层的孔洞，直至线缆到达指定楼层进入横向通道。

向上牵引线缆需要使用电动牵引绞车，其主要步骤如下：

1）按照线缆的质量，选定绞车型号，并按绞车制造厂家的说明书进行操作。先往绞车中穿一条绳子。

2）起动绞车，并往下垂放一条拉绳（确认此拉绳的强度能保护牵引线缆），直到安放线缆的底层。

3）如果缆上有一个拉眼，则将绳子连接到此拉眼上。

4）起动绞车，慢慢地将线缆通过各层的孔向上牵引。

5）线缆的末端到达顶层时，停止绞车。

6）在地板孔边沿上用夹具将线缆固定。

7）当所有连接制作好之后，从绞车上释放线缆的末端。

3.2.9 设备间子系统设计

3.2.9.1 设备间子系统的基本概念

设备间子系统是一个集中化设备区，连接系统公共设备及通过干线子系统连接至管理子系统，如局域网（LAN）、主机、建筑自动化和保安系统等。

设备间子系统是大楼中数据、语音垂直主干线缆终接的场所；也是建筑群的线缆进入建筑物终接的场所；更是各种数据语音主机设备及保护设施的安装场所，设备间子系统一般设在建筑物中部或在建筑物的一、二层，避免设在顶层或地下室，位置不应远离电梯，而且为以后的扩展留下余地。建筑群的线缆进入建筑物时应有相应的过电流、过电压保护设施。

设备间子系统空间要按 ANSL/TLA/ELA-569 要求设计。设备间子系统空间用于安装电信设备、连接硬件、接头套管等。为接地和连接设施、保护装置提供控制环境；是系统进行管理、控制、维护的场所。设备间子系统所在的空间还有对门窗、天花板、电源、照明、接地的要求。如图3-31所示。

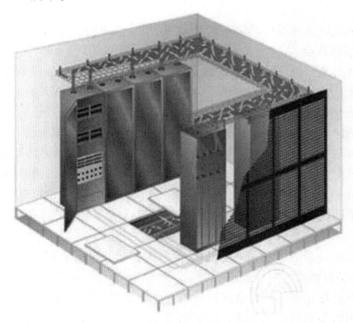

图3-31 设备间子系统

3.2.9.2 设备间子系统的工程技术

1. 设备间机柜的安装要求见表 3-6。

表 3-6 设备间机柜的安装要求

项　目	标　准
安装位置	应符合设计要求，机柜应离墙 1m，便于安装和施工。所有安装螺栓不得有松动，保护橡皮垫应安装牢固
底座	安装应牢固，应按设计图的防震要求进行施工
安放	安放应竖直，柜面水平，垂直偏差≤1‰，水平偏差≤3mm，机柜之间缝隙≤1mm
表面	完整，无损伤，螺栓坚固，每平方米表面凹凸度应＜1mm
接线	接线应符合设计要求，接线端子各种标志应齐全，保持良好
配线设备	接地体，保护接地，导线截面，颜色应符合设计要求
接地	应设接地端子，并良好连接接入楼宇接地端排
线缆预留	1. 对于固定安装的机柜，在机柜内不应有预留线长，预留线应预留在可以隐蔽的地方，长度在 1～1.5m 之间 2. 对于可移动的机柜，连入机柜的全部线缆在连入机柜的入口处，应至少预留 1m，同时各种线缆的预留长度相互之间的差别应不超过 0.5m
布线	机柜内走线应全部固定，并要求横平竖直

2. 配电要求

设备间供电由大楼市电提供电源进入设备间专用的配电柜。设备间设置设备专用的 UPS 地板下插座，为了便于维护，在墙面上安装维修插座。其他房间根据设备的数量安装相应的维修插座。

配电柜除了满足设备间设备的供电以外，并留出一定的余量，以备以后的扩容。

3. 设备间安装防雷器

（1）防雷基本原理　所谓雷击防护就是通过合理、有效的手段将雷电流的能量尽可能地引入大地，防止其进入被保护的电子设备。是疏导，而不是堵雷或消雷。

国际电工委员会的分区防雷理论：外部和内部的雷电保护已采用面向 EMC 的雷电保护新概念。雷电保护区域的划分是采用标识数字，0～3.0A 保护区域是直接受到雷击的地方，由这里辐射出未衰减的雷击电磁场；其次的 0B 区域是指没有直接受到雷击，但却处于强的电磁场。保护区域 1 已位于建筑物内，直接在外墙的屏蔽措施之后，如混凝土立面的钢护板后面，此处的电磁场要弱得多（一般为 30dB）。在保护区域 2 中的终端电器可采用集中保护，例如通过保护共用线路而大大减弱电磁场。保护区域 3 是电子设备或装置内部需要保护的范围。

根据国际电工委员会的最新防雷理论，外部和内部的雷电保护已采用面向电磁兼容性（EMC）的雷电保护新概念。对于感应雷的防护，已经同直击雷的防护同等重要。

感应雷的防护就是在被保护设备前端并联一个参数匹配的防雷器。在雷电流的冲击下，防雷器在极短时间内与地网形成通路，使雷电流在到达设备之前，通过防雷器和地网泄放入地。当雷电流脉冲泄放完成后，防雷器自恢复为正常高阻状态，使被保护设备继续工作。

直击雷的防护已经是一个很早就被重视的问题。现在的直击雷防护基本采用有效的避雷针、避雷带或避雷网作为接闪器，通过引下线使直击雷能量泄放入地。

（2）防雷设计 依据 GB 50057—2010《建筑物防雷设计规范》第六章第 6.3.4 条、第 6.4.5 条、第 6.4.7 条及图 6.4.5-1 及 GA 371—2001《计算机信息系统实体安全技术要求》中的有关规定，对计算机网络中心设备间电源系统采用三级防雷设计。

第一、二级电源防雷：防止从室外窜入的雷电过电压、防止开关操作过电压、感应过电压、反射波效应过电压。一般在设备间总配电处，选用电源防雷器分别在 L-N、N-PE 间进行保护，可最大限度地确保被保护对象不因雷击而损坏，更大限度地保护设备安全。

第三级电源防雷：防止开关操作过电压、感应过电压。主要考虑到设备间的重要设备（服务器、交换机、路由器等）多，必须在其前端安装电源防雷器。如图 3-32 所示。

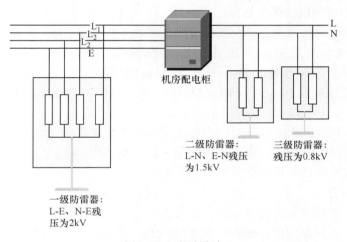

图 3-32 防雷设计

（3）设备间防静电措施 为了防止静电带来的危害，更好地保护机房设备，更好地利用布线空间，应在中央机房等关键的房间内安装高架防静电地板。

设备间用防静电地板有钢结构和木结构两大类，其要求是既能提供防火、防水和防静电功能，又要轻、薄并具有较高的强度和适应性，且有微孔通风。防静电地板下面或防静电吊顶板上面的通风道应留有足够余地以作为机房敷设线槽、线缆的空间，这样既保证了大量线槽、线缆便于施工，同时也使机房整洁美观。

在设备间装修铺设抗静电地板安装时，同时安装静电泄漏系统。铺设静电泄漏地网，通过静电泄漏干线和机房安全保护地的接地端子封在一起，将静电泄漏掉。

3.2.10 建筑群子系统设计

3.2.10.1 建筑群子系统的规划和设计

1. 考虑环境美化要求

建筑群主干布线子系统设计应充分考虑建筑群覆盖区域的整体环境美化要求，建筑群干线电缆尽量采用地下管道或电缆沟敷设方式。

2. 考虑建筑群未来发展需要

线缆布线设计时，要充分考虑各建筑需要安装的信息点种类、信息点数量，选择相对应的干线电缆的类型以及电缆敷设方式，使综合布线系统建成后，保持相对稳定，能满足今后一定时期内各种新的信息业务发展需要。

3. 线缆路由的选择

考虑到节省投资，线缆路由应尽量选择距离短、线路平直的路由。但具体的路由还要根据建筑物之间的地形或敷设条件而定。在选择路由时，应考虑原有已铺设的地下各种管道，线缆在管道内应与电力线缆分开敷设，并保持一定间距。

4. 电缆引入要求

建筑群干线电缆、光缆进入建筑物时，都要设置引入设备，并在适当位置终端转换为室内电缆、光缆。引入设备应安装必要保护装置以达到防雷击和接地的要求。干线电缆引入建筑物时，应以地下引入为主，如果采用架空方式，应尽量采取隐蔽方式引入。

5. 建筑群子系统布线线缆的选择

建筑群子系统敷设的线缆类型及数量由综合布线连接应用系统种类及规模来决定。一般来说，计算机网络系统常采用光缆作为建筑物布线线缆，在网络工程中，经常使用 $62.5\mu m/125\mu m$（$62.5\mu m$ 是光纤纤芯直径，$125\mu m$ 是纤芯包层的直径）规格的多模光缆，有时也用 $50\mu m/125\mu m$ 和 $100\mu m/140\mu m$ 规格的多模光纤。户外布线大于 2km 时可选用单模光纤。

电话系统常采用 3 类大对数电缆作为布线线缆，类大对数双绞线是由多个线对组合而成的电缆，为了适合于室外传输，电缆还覆盖了一层较厚的外层皮。

有线电视系统常采用同轴电缆或光缆作为干线电缆。

6. 电缆线的保护

当电缆从一建筑物到另一建筑物时，要考虑易受到雷击、电源碰地、电源感应电压或地电压上升等因数，必须保护这些线对。如果电气保护设备位于建筑物内部（不是对电信公用设施实行专门控制的建筑物），那么所有保护设备及其安装装备都必须有 UL 安全标记。

3.2.10.2 建筑群子系统的工程技术

1. 架空电缆布线

架空安装方法通常只用于现成电线杆，而且电缆的走法不是主要考虑内容的场合，从电线杆至建筑物的架空进线距离不超过 30m（100ft）为宜。建筑物的电缆入口可以是穿墙的电缆孔或管道。入口管道的最小口径为 50mm（2in）。建议另设一根同样口径的备用管道，如果架空线的净空有问题，可以使用天线杆型的入口。该天线的支架一般不应高于屋顶 1200mm（4ft）。如果再高，就应使用拉绳固定。此外，天线型入口杆高出屋顶的净空间应有 2400mm（8ft），该高度正好使工人可摸到电缆。如图 3-33 所示。

图 3-33　架空电缆布线

2. 直埋电缆布线

直埋布线法优于架空布线法，影响选择此法的主要因素有初始价格、维护费、服务可靠、安全性、外观。如图 3-34 所示。

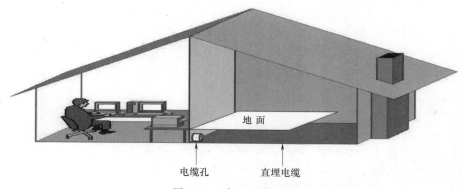

图 3-34　直埋电缆布线

3. 管道系统电缆布线

管道系统的设计方法就是把直埋电缆设计原则与管道设计步骤结合在一起。当考虑建筑群管道系统时，还要考虑接合井。在建筑群管道系统中，接合井的平均间距约 180m（600ft），或者在主结合点处设置接合井。如图 3-35 所示。

图 3-35　管道系统电缆布线

4. 隧道内电缆布线

在建筑物之间通常有地下通道，大多是供暖供水的，利用这些通道来敷设电缆不仅成本低，而且可利用原有的安全设施。例如，考虑到暖气泄漏等条件，电缆安装时应与供气、供水、供暖的管道保持一定的距离，安装在尽可能高的地方，可根据民用建筑设施的有关条例进行施工。如图 3-36 所示。

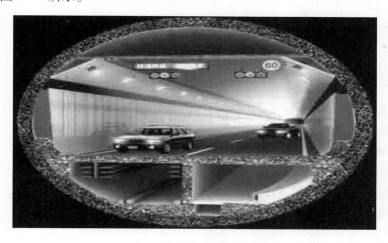

图 3-36　隧道内电缆布线

第4章

智能安防系统的布线方法

　　一套完整的监控系统最重要的施工内容是现场勘察、监控系统布线和安装监控设备、监控系统调试。在项目实施以前，首要确定的是监控系统的布线方法、选择好摄像机的位置、采用什么线缆、线路的路由方式（如：明线敷设还是暗线敷设、是室内还是室外，室内一般用线槽走线，室外一般用金属钢管敷设等）、现场是否有干扰以及前端的监控摄像机具体安装位置等。要看设备要求、现场环境、施工图样，综合考虑好走线方案。

4.1　视频安防监控系统

　　视频安防监控系统（Video Surveillance & Control System，VSCS）是利用视频技术探测、监视设防区域并实时显示、记录现场图像的电子系统或网络。如图4-1所示。

　　视频安防监控系统一般由前端、传输、控制及显示记录4个主要部分组成。前端部分包括一台或多台摄像机以及与之配套的镜头、云台、防护罩、解码驱动器等；传输部分包括电缆和/或光缆，以及可能的有线/无线信号调制解调设备等；控制部分主要包括视频切换器、云台镜头控制器、操作键盘、各类控制通信接口、电源和与之配套的控制台、监视器柜等；显示记录设备主要包括监视器、录像机、多画面分割器等。

　　根据使用目的、保护范围、信息传输方式、控制方式等的不同，视频安防监控系统可有多种构成模式。

　　1）简单对应模式：监视器和摄像机简单对应。

　　2）时序切换模式：视频输出中至少有一路可进行视频图像的时序切换。

　　3）矩阵切换模式：可以通过任一控制键盘，将任意一路前端视频输入信号切换到任意一路输出的监视器上，并可编制各种时序切换程序。

　　4）数字视频网络虚拟交换/切换模式：模拟摄像机增加数字编码功能，被称作网络摄像机，数字视频前端也可以是别的数字摄像机。数字交换传输网络可以是以太网和DDN、SDH等传输网络。数字编码设备可采用具有记录功能的DVR或视频服务器，数字视频的处理、控制和记录措施可以在前端、传输和显示的任何环节实施。

　　视频安防监控系统优势如下。

　　（1）先进性与继承性　城市视频监控工程报警联网系统的建设不可能将原有的以模

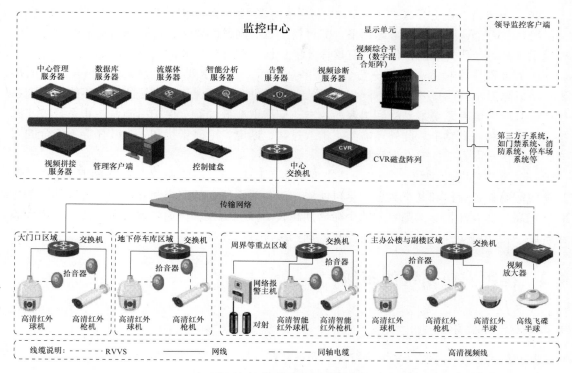

图 4-1　视频安防监控系统

拟为主的系统一概抛弃，合适的做法是在规划好全数字化系统的前提下尽可能将原有模拟系统纳入其中。最理想的系统是在两者之间能做无缝连接，形成完整的城市视频图像联网监控。

（2）升级与维修便捷　由于系统规模较大，系统软件和核心设备应具有自动升级维护功能。另外，城市监控报警联网系统是由多个复杂的系统组成，包括网络、存储、操作系统、平台软件、各种前端设备等，所以要求每个子系统均应具有工作日志记录，包括系统各模块和核心设备。

（3）可靠性与稳定性　系统应采用成熟的技术和可靠的设备，对关键设备有备份或冗余措施。系统软件有维护保障能力和较强的容错及系统恢复能力，以保证系统稳定运行的时间尽可能长，一旦系统发生故障时能尽快修复或恢复。

（4）实用与可扩展性　系统应考虑当地环境条件、监视对象、监控方式、维护保养以及投资规模等因素，能满足城市视频监控报警联网系统的正常运行和社会公共安全管理的需求。宜采用分布式体系和模块化结构设计，以适应系统规模扩展、功能扩充、配套软件升级的需求。用户可随时依据需要对系统进行扩充或裁剪，体现足够的灵活性。

（5）管理功能易操作　考虑到联网系统的规模及复杂性，管理软件平台应具有较好的系统构架，系统核心管理和业务管理必须明确分离，以确保满足不同的应用需求。由于系统中各类管理服务器、存储及转发服务器等数量较多，所以系统的网管功能必须强大，否则无法进行日常维护；系统所提供的管理和用户界面要清晰、简洁、友好，操控应简便、灵活、易学易用，便于管理和维护。

（6）可支持二次开发　一个城市的监控报警联网系统的摄像机数目最少也有数百个，多的可达几万个，因此必须考虑到平台的可持续发展问题。要达到视频创造价值的目标，就要求系统具备二次开发的条件，只有这样才能保证平台视频资源的充分利用。

（7）系统安全程度高　系统安全包括多个方面，其中主要是防止非法用户及设备的接入，所以除对不同用户要采取不同程度的验证手段外，还要保证不合法的设备不能接入到系统中去。联网监控系统最易受到黑客的攻击，应采取有效的安全保护措施，防止系统被非法接入、攻击和病毒感染。此外还需防雷击、过载、断电、电磁干扰和人为破坏等不安全的因素，以提供全面有效的安全保障措施。

（8）兼容性与标准化　兼容性是实现众多不同厂商、不同协议的设备间互联的关键。系统应能有效地通信和共享数据，尽可能实现设备或系统间的兼容和互操作。系统的标准化程度越高、开放性越好，则系统的生命周期越长。控制协议、传输协议、接口协议、视音频编解码、视音频文件格式等均应符合相应国家标准或行业标准的规定。

4.2　视频安防系统的布线

4.2.1　总体要求

1）数字视频安防监控系统应符合下列规范及标准。

➤ GB 50198—2011《民用闭路监视电视系统工程技术规范》；

➤ GB 50311—2016《综合布线系统工程设计规范》；

➤ GB 50348—2004《安全防范工程技术规范》；

➤ GB/T 20271—2006《信息安全技术　信息系统通用安全技术要求》；

➤ GB/T 21050—2007《信息安全技术　网络交换机安全技术要求》；

➤ GB/T 25724—2017《公共安全视频监控数字视音频编解码技术要求》；

➤ GB/T 28181—2016《公共安全视频监控联网系统信息传输、交换、控制技术要求》；

➤ GA/T 75—1994《安全防范工程程序与要求》；

➤ GA/T 367—2001《视频安防监控系统技术要求》；

➤ GA/T 669.5—2008《城市监控报警联网系统技术标准　第5部分：信息传输、交换、控制技术要求》；

➤ GY/T 157—2000《演播室高清晰度电视数字视频信号接口》；

➤ GY/T 160—2000《数字分量演播室接口中的附属数据信号格式》；

➤ GY/T 164—2000《演播室串行数字光纤传输系统》；

➤ GY/T 165—2000《电视中心播控系统数字播出通路技术指标和测量方法》；

➤ YD/T 1171—2015《IP网络技术要求　网络性能参数与指标》；

➤ YD/T 1475—2006《接入网技术要求　基于以太网方式的无源光网络（EPON）》；

➤ SMPTE 292M—1996《串行数字接口高清电视系统》；

➤ ISO/IEC 14496—10：2014《信息技术视听对象的编码，高级视频编码》。

2）系统中所使用的技防产品应符合现行国家标准、行业标准、地方标准及其他相关技术标准、本市技防管理部门制定的相关技术要求，并取得相应的型式检验合格报告、CCC

认证证书、生产登记批准书。

3）系统应采用数据结构独立的专用网络（允许采用 VLAN 的独立网段）。系统传输与布线设计应符合 GB 50198—2011 中 2.3 和 GB 50348—2004 中 3.11 的相关规定；网络型数字视频安防监控系统传输与布线设计还应符合 GB 50311—2016 中的相关规定；网络交换设备设计应符合 GB/T 21050—2007 的相关规定；传输基本要求应符合 GA/T 669.5—2008 中 5 的相关规定；信息交换基本要求应符合 GA/T 669.5—2008 中 6 的相关规定；网络性能指标应符合 YD/T 1171—2015 中规定的 1 级（互交式）或 1 级以上服务质量等级；非网络数字视频安防监控系统的传输性能还应符合 SMPTE 292M—1996、GY/T 157—2000、GY/T 160—2000、GY/T 164—2000 和 GY/T 165—2000 中的相关规定。

4）应采用 SVAC、AVS、ITU-T、H.264 或 MPEG-4 视频编码标准，应支持 ITU-T G.711/G.723.1/G.729 音频编解码标准。

5）网络型数字视频安防监控系统的设备接口协议应至少符合 GB/T 28181—2016、ONVIF、PSIA 等相关标准中的一种；非网络型数字视频安防监控系统的设备接口协议应符合 HDCCTV 等相关标准。与公安联网的数字视频安防监控系统的设备接口协议应符合 GB/T 28181—2016、上海公安数字高清图像监控系统建设技术规范（V1.0）及其他相关标准。

6）网络型数字视频安防监控系统的设备应扩展支持 SIP、RTSP、RTP、RTCP 等网络协议；宜支持 IP 组播技术。

7）根据传输构成模式不同，系统设备应满足兼容性要求，系统可扩展性应满足简单扩容和集成的要求。

8）系统传输的图像数据格式应满足系统编码的要求，所采用的视（音）频信号编解码标准以及网络接口和协议应在设计文件中明确规定，并应在技术文件中明示。

9）所有存储图像资料，应不经转换即可用通用视（音）频播放软件播放。

10）系统应提供开放的控制接口及二次开发的软件接口。

11）系统的设置、运行、故障等信息的保存时间应≥30 天。

12）安全性

➢ 系统安全性设计应符合 GB 50348—2004 中 3.5 的相关要求。

➢ 网络型数字视频安防监控系统，应对系统中所有接入设备的网络端口予以管理和绑定；需要与外网相通的网络型数字视频安防监控系统，除应对系统中所有接入设备的网络端口予以管理和绑定外，还应使用防火墙、入侵检测系统、漏洞扫描工具等来提高网络通信的安全性，并应提供相应的测试方法。

13）供电：

➢ 系统供电设计应符合 GB 50348—2004 中 3.12 的相关要求。

➢ 前端设备（不含辅助照明装置）供电应合理配置，宜采用集中供电方式。网络型数字视频安防监控系统摄像机供电宜采用 POE 供电方式，且传输距离应不超过75m。

14）系统应用中有不同清晰度等级要求的，应针对其特性指标分别规划、设计和检测，并应在技术文件中明示。

15）宜在数字视频安防监控系统中采用智能化视频处理技术（如：周界越线检测分析、物品滞留、丢失分析、方向判断等），其功能检测及性能指标应符合设计文件说明。

4.2.2 监控线缆布设规范

监控缆线的布设一般需要遵循以下规范。

1）缆线的规格、路由和位置应符合设计规定，缆线排列必须整齐美观，外皮勿损伤。

2）接点、焊点可靠，接插件牢固，确保信号的有效传输。尽量采用整段的线材，避免转接；若实际需要长度比缆线总长度长，则应保证多段缆线间接续牢固可靠。

3）缆线应有统编号，缆线头部的标签应做到正确齐全、字迹清晰、不易擦除。编号应与图样保持一致，按编号应能从图样查出缆线的名称、规格和始终点。

4）布线应充分利用线缆沟、桥架和管道，从而简化布线。不提倡布明线。若只能布明线，则应注意隐蔽、美观，应给原有空间留出最大位置，以利于以后安装其他设备；墙角走线最好选用PVC装饰线槽；地面或设备附近走线应使用合适的线槽或线管，确保安全可靠。

5）布设于线缆沟、桥架的缆线必须绑扎，绑扎后的电缆应相互紧密靠拢，外观平直整齐，线扣间距均匀、松紧适应，尽量与原走线的风格保持一致；布设于活动地板下和顶棚的布线应用阻燃材料的槽（管）安放，尽量做到顺直、少交叉。

6）安防监控系统所采用的线料均应使用阻燃材料；应根据现场环境条件选用绝缘、抗干扰、抗腐蚀性能等均符合要求的缆线；对于易受电磁干扰的信号线应采用屏蔽线，安装时要注意屏蔽层的正确接地。

7）信号线和电源线应分离布放；信号线应尽量远离易产生电磁干扰的设备或缆线。

8）室外架空线时应在设备端采取必需的防雷措施；在加装避雷器时一定要确保接地良好。

4.2.3 监控摄像头布线规范

监控摄像头又称监控摄像枪或者摄像机，主要分为如下两种类型。

1）彩色摄像机：适用于景物细部辨别，如辨别衣着或景物的颜色。因有颜色而使信息量增大，信息量一般认为是黑白摄像机的10倍。

2）黑白摄像机：适用于光线不足地区及夜间无法安装照明设备的地区，在仅监视景物的位置或移动时，可选用分辨率通常高于彩色摄像机的黑白摄像机。

细分种类，还可以分长焦、短焦、变焦、模拟、网络、高速、固定、云台等种类。

监控摄像头作为安防监控系统的重要组成部分，越来越普遍。对于安装监控摄像头的时候布线，首先我们要选择质量比较好的线材，而且安装监控摄像头布线时要合理、整齐、安装结实。如图4-2所示。具体的安装要求如下：

1）安装监控摄像头监控导线，其额定电压应不低于线路的工作电压；监控导线的绝缘应符合线路的安装方式和敷设的外部条件；监控导线的横截面积应能满足供电和机械强度的要求。

2）安装监控摄像头线材时应尽量避免监控导线有接头，除非用接头不可的，摄像头其接头必须采用压线或焊接；监控导线连接和分支处不应受机械力的作用；布在管内的监控导线，在任何情况下都不能有接头；必要时尽可能将接头放在接线盒探头接线柱上。

3）安装监控摄像头线材在建筑物内安装要保持水平或竖直。线材应加套管保护（塑料或铁水管，按室内配管的技术要求选配），天花板走线可用金属软管，但需固定稳妥美观。

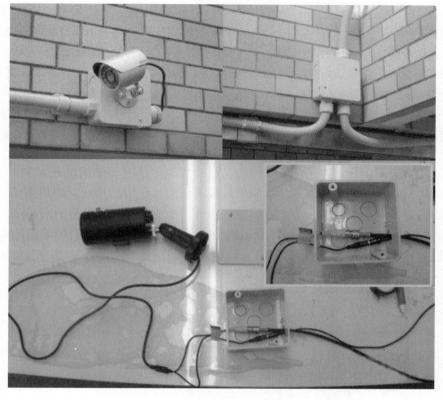

图4-2 监控摄像头布线

4）安装监控摄像头信号线不能和大功率电力线平行，更不能穿在同一管内。如因外部所限，要平行走线，间距要超过0.5m。

5）安装监控摄像头报警机箱的交流电源应单独走线，摄像头不能和信号线、低压直流电线在同一根管内，交流电线的安装应符合电气安装标准。

6）安装监控摄像头报警机箱到天花板的走线，要求加套管埋入墙内或用铁水管加以保护，以提高防盗系统的防破坏性能。

7）安装监控摄像头线管线材有明配和暗配两种。摄像头明配管要求横平竖直、整齐美观。

8）缆线应有统编号，缆线头部的标签应做到正确齐全、字迹清晰、不易擦除。编号应与图样保持一致，按编号应能从图样查出缆线的名称、规格和始终点；布线应充分利用线缆沟、桥架和管道，从而简化布线。不提倡布明线。若非要布明线，则应注意隐蔽、美观，应给原有空间留出最大位置，以利于以后安装其他设备；墙角走线最好选用PVC装饰线槽；地面或设备附近走线应使用合适的线槽或线管，确保安全可靠。

9）缆线的规格、路由和位置应符合设计规定，缆线排列必须整齐美观，外皮勿损伤；接点、焊点可靠，接插件牢固，确保信号的有效传输。尽量采用整段的线材，避免转接；若实际需要长度比缆线总长度长，则应保证多段缆线间接续牢固可靠。

10）信号线和电源线应分离布放；信号线应尽量远离易产生电磁干扰的设备或缆线；室外架空线时应在设备端采取必需的防雷措施；在加装避雷器时一定要确保接地良好。

11）布设于线缆沟、桥架的缆线必须绑扎，绑扎后的电缆应相互紧密靠拢，外观平直整齐，线扣间距均匀、松紧适应，尽量与原走线的风格保持一致；布设于活动地板下和顶棚的布线应用阻燃材料的槽（管）安放，尽量做到顺直、少交叉；安防监控系统所采用的线料均应使用阻燃材料；应根据现场环境条件选用绝缘。抗干扰、抗腐蚀性能等均符合要求的缆线；对于易受电磁干扰的信号线应采用屏蔽线，安装时要注意屏蔽层的正确接地。

4.3 报警系统线缆敷设

防盗报警系统是用物理方法或电子技术，自动探测发生在布防监测区域内的侵入行为，产生报警信号，并提示值班人员发生报警的区域部位，显示可能采取对策的系统。如图4-3所示。防盗报警系统是预防抢劫、盗窃等意外事件的重要设施。一旦发生突发事件，就能通过声光报警信号在安保控制中心准确显示出事地点，于是迅速采取应急措施。防盗报警系统与出入口控制系统、闭路电视监控系统、访客对讲系统和电子巡更系统等一起构成了安全防范系统。

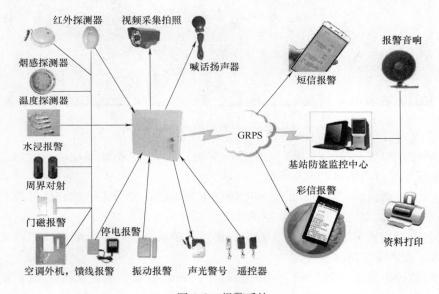

图4-3　报警系统

报警探测器是由传感器和信号处理系统组成的用来探测入侵者入侵行为的装置，是防盗报警系统的关键器件，而传感器又是它的核心元件。采用不同原理的传感器件，可以构成不同种类、不同用途、达到不同探测目的的报警探测装置。

1）报警探测器按工作原理可分为红外报警探测器、微波报警探测器、被动式红外/微波报警探测器、玻璃破碎报警探测器、振动报警探测器、超声波报警探测器、激光报警探测器、磁控开关报警探测器、开关报警探测器、视频运动检测报警器、声音探测器等许多种类。

2）报警探测器按工作方式可分为主动式报警探测器和被动式报警探测器。

3）报警探测器按探测范围的不同又可分为点控报警探测器、线控报警探测器、面控报警探测器和空间防范报警探测器。

报警系统的布线首先要符合建筑电气系统布线的基本要求，还需根据《火灾自动报警系统设计规范》《电气装置工程施工及验收规范》的规定，符合以下要求。

1）报警系统的传输线路要穿金属管（即TC薄钢管）、阻燃型硬质塑料管或封闭式线槽等管件。

2）报警系统的控制、通信和警报线路暗敷设时，需采用金属管或阻燃型塑料管保护，并应敷设在不燃烧体的结构层内，而且保护层的厚度要大于30mm，如过采用明敷设时，应采用金属管或金属线槽来保护，并应在金属管或金属线槽上采取防火保护措施；采用阻燃的电缆线时，可不穿金属管保护，但要敷设在电缆竖井或吊顶内有防火保护措施的封闭式线槽内。

3）报警系统用的电缆竖井要与电力和照明用低压配电线路电缆井分开敷设，如受条件限制一定要合用，两种电缆应分别布置在竖井两侧敷设。

4）从接线盒、线槽等处引到探测器底座盒、控制设备盒、扬声器箱的线路均应使用金属管保护。

5）火灾探测器的传输线路要选择不同颜色的绝缘导线或电缆，"＋"线应为红色，"－"线应为蓝色，同一工程中相同用途导线的颜色应一致，接线端子应有标号。

6）接线端子箱内的端子宜选择压接或带锡焊点的端子板，其接线端子上应有相应的标号。

7）火灾自动报警系统的传输网络不应与其他系统的传输网络合用。

8）在管内或线槽内的穿线，应在建筑抹灰及地面工程结束后进行。在穿线前，应将管内或线槽内的积水及杂物清除干净。

9）不同系统、不同电压等级、不同电流类别的线路，不应穿在同一管内或线槽的同一槽孔内。

10）导线在管内或线槽内，不应有接头或扭结。导线的接头，应在接线盒内焊接或用端子连接。

11）敷设在多尘或潮湿场所管路的管口和管子连接处，均应作密封处理。

12）管路超过下列长度时，应在便于接线处设接线盒：

➤ 管子长度每超过45m，无弯曲时；

➤ 管子长度每超过30m，有1个弯曲时；

➤ 管子长度每超过20m，有2个弯曲时；

➤ 管子长度每超过12m，有3个弯曲时。

13）管子入盒时，盒外侧应套锁母，内侧应装护口，在吊顶内敷设时，盒的内外侧均应套锁母。

14）在吊顶内敷设各类管路和线槽时，宜采用单独的卡具吊装或支撑物固定。

15）线槽的直线段应每隔1.0～1.5m设置吊点或支点，在下列部位也应设置吊点或支点：

➤ 线槽接头处；

➤ 距接线盒0.2m处；

➤ 线槽走向改变或转角处。

16）装线槽的吊杆直径，不应小于 6mm。

17）管线经过建筑物的变形缝（包括沉降缝、伸缩缝、抗震缝等）处，应采取补偿措施，导线跨越变形缝的两侧应固定，并留有适当余量。

18）火灾自动报警系统导线敷设后，应对每个回路的导线用 500V 的绝缘电阻表测量绝缘电阻，其对地绝缘电阻值不应小于 20MΩ。

线材的选择：

1）回路线：回路线也称信号总线，一般按照 2 芯计算，选择 2.5m² 以上最佳。

2）电源线：一般按照 2 芯计算，选择 2.5m² 以上最佳，如果是高层，应该考虑线芯加大和分层分区。

4.4　布线过程中的注意事项

综合布线是一项十分繁琐和复杂的工作，为减少布线过程中的错误和损失，应做好如下工作。

1. 综合布线过程中的注意事项

1）使用了错误的极限值对铜电缆进行测试，必须重新测试。

2）报告中的电缆 ID 与规格不匹配，需要对其进行手动编辑。

3）测试结果要储存在多台须被跟踪的测试仪中，而且结果需要整合。

4）团队必须由一名专职技术员来设置铜缆测试仪。

5）评估 OTDR 迹线，以确保损耗在预算之内。

6）使用了错误的极限值对光缆进行测试，必须重新测试。

7）对一个或多个负损耗结果进行故障排除。

8）团队必须由一名专职技术员来对铜缆问题进行故障排除。

9）客户需要在专职人员帮助下花些时间来理解报告，之后才能认可报告。

10）若客户对实际上正确的结果误解了，我们必须为其做出解释。

11）团队必须由一名专职技术员来对光缆问题进行故障排除。

12）将多种测试结果类型（铜缆、第 1 级光缆、第 2 级光缆、损耗、OTDR）整合到一份报告中。

13）若生成一份报告后发现并非所有链路都已测试，应派一位工作人员必须返回现场来完成这项工作。

14）团队必须从电缆或连接器生产商那里获得技术支持方面的咨询。

15）报告不完整，必须重新生成。

16）团队必须由一名专职技术员来设置光缆测试仪。

17）若报告中错误地混有其他工作的测试结果，则必须将其删除。

2. 减少布线中出现的错误

1）对整体网络进行前瞻性规划，做到科学布线，尽量使用相同的线路，减少多次布线。

2）对线路进行有效管理。

3）不要让电缆对数据线造成干扰。

4）使布线远离干扰源。

5）布线中多考虑实际距离的限制。

6）布线要做到符合国家规定。

7）时刻对线路进行测试。

8）遵循行业标准，减少负面影响。

9）对未来新增线路做到提前规划。

综合布线是一项繁琐而细致的工程，它要求工作人员要有足够的耐心去管理它，就像是织毛衣那样一针一线都影响整体美观，甚至整个运营。我们要重视工程中的小问题，要懂得牵一发动全身的道理，如果以后工作中可能因为布线这点小工程而引发了传输故障，再查起来就像是大海捞针一样艰难了，所以工作人员应该要预先想到这些未知的后果，把眼前的工作做得更好。

要做到布线零错误不容易，但是做到尽量减少错误就相对容易多了。在布线过程中要多注意，严格遵守布线标准以及完善施工流程，并加强对施工人员的管理及对他们技能上的熟练掌握程度的要求，从而减少在布线工作中再次发生这样的错误。

第 5 章
门禁系统的布线方法

门禁系统，在智能建筑领域，意为 Access Control System，简称 ACS。指"门"的禁止权限，是对"门"的戒备防范。这里的"门"，广义来说，包括能够通行的各种通道，包括人通行的门和车辆通行的门等。在车场管理应用中，车辆门禁是车辆管理的一种重要手段，主要是管理车辆进出权限。

出入口门禁安全管理系统是新型现代化安全管理系统，它集微机自动识别技术和现代安全管理措施为一体，涉及电子、机械、光学、计算机技术、通信技术、生物技术等诸多新技术，是解决重要部门出入口实现安全防范管理的有效措施，适用各种机要部门，如银行、宾馆、车场管理、机房、军械库、机要室、办公间、智能化小区、工厂等。

门禁系统早已超越了单纯的门道及钥匙管理，它已经逐渐发展成为一套完整的出入管理系统。它在工作环境安全、人事考勤管理等行政管理工作中发挥着较大的作用。

门禁系统由控制机、读卡器、电锁、出门按钮、通信转换器、管理软件、发卡机、感应卡等组成。如图 5-1 所示。

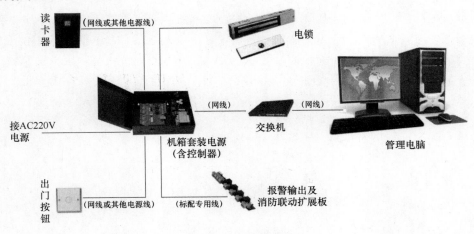

图 5-1　门禁系统

5.1　工程施工主要材料、工具要求

1）控制机、读卡器、电锁等包装应完好，材料外观不应有破损，附件、备件、工具应

齐全。

2）工程施工布线标准、线材规格型号应符合门禁工程设计要求及标准门禁系统的有关规定。

3）携带好齐全的相关单据及资料。

5.2　工程施工布线技术要求

门禁系统布线不仅要求安全可靠，而且要使线路布置合理、整齐，安装牢固。线缆在建筑物内安装要保持水平或竖直，并应加套管保护和使线缆固定稳妥美观；220V 强电与信号线要分开铺设，两者间距要大于 50cm；所有走线都必须套管，PVC 管和镀锌管都可以，避免其他工种线路敷设引起故障；若线路中间有断点，需将断点用烙铁焊上并做好绝缘处理；布线时一定要对线缆做好标记，方便以后的安装、调试和维护。

5.2.1　电源线

控制机需要 220V 电源，采用三芯屏蔽线（RVVP3 * 1.5mm），一般接到专线 UPS 专线供电，在某些情况下，AC 220V 电源也可就近接取，但应符合相关规范，要确保系统中 AC 220V 插座中的地线真实接地。

5.2.2　读卡器线（读卡器—控制器）

控制器和读卡器之间可使用六芯屏蔽线（RVVP6 * 0.5mm，其中 2 芯备用，引脚有 Data1、Data0、12V + 、12V – 等。它们之间的数据线最长不可以超过 30m。屏蔽线接控制器的地线，如图 5-2 所示。

读卡器标准读卡距离是 5 ~ 15cm，ID 卡读卡器读卡距离稍长，IC 卡读卡距离稍短。如果使用钥匙扣型感应卡，读卡距离会更短，一般是 1 ~ 3cm。读卡的方式，建议用卡片正对着读卡器自然靠近，用卡片从侧面快速划过的读卡方法不可取，不保证刷卡成功。

读卡器安装在金属面上，由于读卡器是射频产品，无论是前方还是后方，附近的金属都会吸收其射频信号，如果金属面很大，甚至会影响到读卡器读不到卡，或者读卡距离衰减得很厉害。另外，两个读卡器距离过近也会相互影响，有的会使读卡距离变短或变长，引起两个读卡器同时读卡或读卡器读不到卡。

解决办法是：尽量不要安装在金属平面上，或者将读卡器安装背靠金属部分挖掉，两个读卡器之间的距离保持在 25cm 以上。

5.2.3　按钮线（出门按钮—控制器或紧急出门按钮—控制器）

采用两芯屏蔽线（RVVP2 * 0.5mm），若出门按钮和紧急按钮同时需要，则采用四芯屏蔽线（RVVP4 * 0.5mm）。

5.2.4　电锁线（电锁—控制器）

使用两芯屏蔽线（RVVP2 * 1.0mm），带门磁时采用四芯屏蔽线（RVVP4 * 1.0mm）。如果超过 50m 要考虑用更粗的线，或者多股并联。由于电锁工作电流比较大（相对于门禁

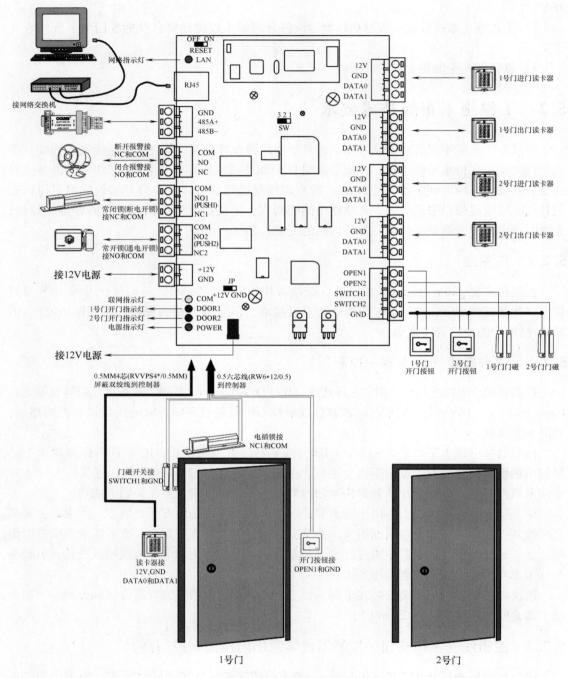

图 5-2　控制器和读卡器

系统的其他设备例如控制器、读卡器），电锁离控制器有一定的距离，线上的压降会比较大。如果压降太大，磁力锁有时吸力不够，表现为门开关不正常，甚至会和控制器抢夺电流资源，使得控制器供电不足，出现重启甚至死机情况。从电锁到控制器的线，如果线长小于50m，要求使用截面积 $1.0mm^2$ 的两芯电源线，无须屏蔽，如果超过50m要多布一条两芯电源线，并联供电；如果线长大于100m，建议将控制器挪近门电锁的位置，以缩短布线距离。

5.2.5 RS-485 通信线（控制器—控制器或控制器—计算机）

门禁联网方式可以分为：485 通信和 TCP/IP 通信等。485 联网线必须采用双绞屏蔽线（RVVSP2 * 1.0mm），其总线长度，理论上是可以达到1200m，建议不要超过800m。如果超过，请选用485Hub 或者中继器来改善通信环境。485 网络必须是总线型结构，不允许全部或局部采用星形结构。

TCP/IP 联网线可以选择超五类非屏蔽双绞线，控制机到交换机或 Hub 的距离要小于100m。

5.3 门禁系统布线施工注意事项

1）所有走线都必须套管，PVC 管和镀锌管都可以，避免老鼠咬断线路引起故障。虽然控制器具备了良好的防静电、防雷击、防漏电设计，请务必保证控制器机箱和交流电地线连接完善，且交流电地线真实接地。

2）建议不要经常带电拔插接线端子。请务必拔下接线端子，再进行相应的焊接工作。

3）请勿擅自拆卸或者更换控制器的芯片，非专业的操作会导致控制器损毁。

4）不建议擅自对接其他附加设备，所有非常规的操作，请务必先与专业人员沟通。

5）不要将控制器和其他大电流设备接在同一供电插座上。

6）读卡器、按钮的安装高度是距地面1.4m，可以根据客户的使用习惯，适当增加或者降低。

7）控制器建议安装在弱电井等便于维护的地点。

8）接线端子注意规范接线，不要裸露金属部分过长，以免引起短路和通信故障。

9）若需要保存门禁事件记录，则定期从控制器中读取数据。

10）视应用场合，做好停电的处理措施，如采用 UPS 电源等。

11）妥善保管进入密码。

12）注意所用产品的使用环境。

13）读卡器和控制器的连线距离不要超过30m。

14）微机与控制器的连线距离：RS-232 接口，<12m；TCP/IP 接口 <100m；RS-422 接口，<800m；RS-485 接口，<800m。

15）控制器输入/出电流比较小，工程调试时，如使用的电锁瞬间冲击电流过大，造成控制器重新启动，建议在电锁的电源线上并联一只 $2200\mu F/35V$ 的电解电容（尤其是多把锁接同一电源的，要么增大电源余量，要么多并几个大电容）。

16）电锁与控制器最好不使用同一电源供电（单门和双门控制器是带锁电源的，此电源设计为双电源，实际控制器电源和锁电源是分开的，但保守的做法是最多接两把磁力锁）。

第6章
智能照明系统的布线方法

生活水平的提高，使得人们越来越追求更舒适的生活，家庭智能照明（见图 6-1）也越来越受到青睐。但是就布线方式而言，智能照明系统和传统的照明系统采用了不同的布线方

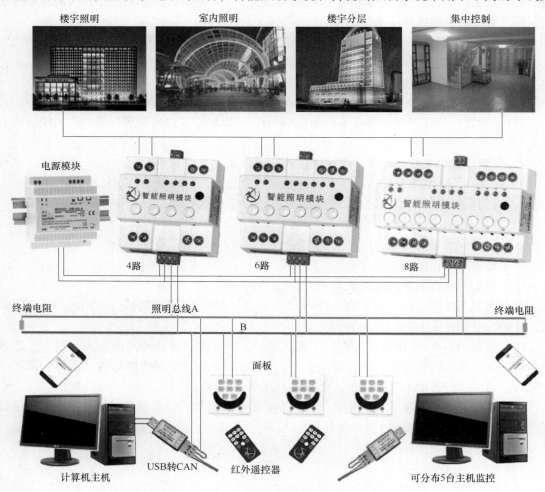

图 6-1 智能照明系统

式，智能照明系统布线特点如下。

1. 家庭智能照明布线——集中控制

通过一个以单片机为核心的系统主机来构建，中心处理单元（CPU）负责系统的信号处理，系统主板上集成一些外围接口单元，包括安防报警、电话模块、控制回路输入/输出（I/O）模块等电路。由于采用星形布线方式，所有安防报警探头、灯光及电器控制回路必须接入主控箱，与传统室内布线相比增加了布线的长度，布线较复杂。

2. 家庭智能照明布线——现场总线技术

通过系统总线来实现家居灯光、电器及报警系统的联网以及信号传输，采用分散型现场控制技术，控制网络内各功能模块只需要就近接入总线即可，布线比较方便。一般来说，现场总线类产品都支持任意拓扑结构的布线方式，即支持星形与环状结构走线方式。若通过总线方式控制，完全不需要增加额外布线，是一种全分布式智能控制网络技术，其产品模块具有双向通信能力，以及互操作性和互换性，其控制部件都可以编程。典型的总线技术采用双绞线总线结构，各网络节点可以从总线上获得供电（DC 24V），也通过同一总线实现节点间无极性、无拓扑逻辑限制的互连和通信，信号传输速率和系统容量则分别为10Kbit/s和4G。

3. 家庭智能照明布线——无线通信技术

高频电力载波类家居控制系统是无线技术应用的代表产品。电力载波技术是利用220V电力线将发射器发出的高频信号传送给接收器从而实现智能化的控制。因此，采用这套系统不需要额外的布线，这也是这套系统最大的优势。

与传统布线不同，家庭综合布线系统可以将照明、家电、计算机网络、多媒体影音中心等设计进行集中控制的电子系统，将多个设备由一个设备控制，让家居生活更加舒适、安全、便捷。

智能照明系统的优点如下：

1）灯光调节　用于灯光照明控制时能对电灯进行单个独立的开、关、调光等功能控制，也能对多个电灯的组合进行分组控制，方便用不同灯光编排组合形式营造出特定的气氛。

2）智能调光　随意进行个性化的灯光设置，电灯开启时光线由暗逐渐到亮，关闭时由亮逐渐到暗，直至关闭，有利于保护眼睛，又可以避免瞬间电流的偏高对灯具所造成的冲击，能有效地延长灯具的使用寿命。

3）延时控制　在外出的时候，只需要按一下"延时"键，在出门后30s，所有的灯具和电器都会自动关闭。

4）控制自如　可以随意遥控开关屋内任何一路灯；可以分区域全开全关与管理每路灯；可手动或遥控实现灯光的随意调光；可以实现灯光的远程电话控制开关功能。

5）全开全关　整个照明系统的灯可以实现一键全开和一键全关的功能。

6）场景设置　回家时，在家门口用遥控器直接按"回家"场景。

智能照明系统主要特点为：

1）系统可控制任意回路连续调光或开关。

2）场景控制：可预先设置多个不同场景，在场景切换时淡入、淡出。

3）可接入各种传感器对灯光进行自动控制。

4）时间控制：某些场合可以随上下班时间调整亮度。

5）红外遥控：可用手持红外遥控器对灯光进行控制。

6）系统联网：可系统联网，利用上述控制手段进行综合控制或与楼宇智能控制系统联网。

6.1 照明布线

室内照明线路主要有明敷布线、暗敷布线和明暗混合布线三大类。

（1）明敷布线　即指室内没有装饰天花板，线路沿墙和楼层顶表面敷设，或室内装有天花板，而线路沿墙身和天花板外表面敷设，能直接看到线路走向的敷设方法，称明敷布线。

（2）暗敷布线　指线路沿墙体内、装饰吊顶内或楼层顶内敷设，不能直接看见线路走向的称暗敷布线。在建筑施工中，室内照明插座、弱电线等穿管固定后，被浇筑在水泥板中，浇筑完毕后不可更改。在家装中，通常在墙上开槽走管线到插座或开关或小型电箱。需要穿过整个房间时，通常是在地面开槽走管线。也可以利用吊顶或屋顶阴角线走管线。

（3）明暗混合布线　其特点是，一部分线路可见走向，另一部分线路不可见走向的敷设方法。如在一些室内装饰工程中，其电气设计，在墙身部分采取暗敷布线，进入装饰吊顶层部分则为明敷布线了。

其中常用的敷线方法有绝缘导线直接敷线、穿管布线、线槽布线。

1. 直接敷线

绝缘导线直接敷线在敷设时应注意两点：

1）在屋内直敷布线应采用护套绝缘导线，其截面积不应大于 $6mm^2$，布线的固定点间距不应大于 300mm。

2）在建筑屋顶棚内、墙内、柱内严禁采用绝缘导线直敷或明敷布线，必须采用金属管和金属线槽布线。

2. 穿管布线

穿管布线，如图 6-2 所示，遵守以下规定。

图 6-2　穿管布线

1）明敷于潮湿环境或直接埋于土内的金属管布线，应采用焊接钢管。明敷或暗敷于干燥环境的金属管布线，可采用管壁厚度不小于 1.5mm 的电线钢管或镀锌钢管。

2）在有酸碱盐腐蚀介质的环境，应采用阻燃性塑料管，但在宜受机械损伤的场所不宜采用明敷。暗敷或埋地敷设时，引出地面的一段应采取防止机械损伤的措施。

3）危险爆炸环境，应采用镀锌钢管。

4）以上绝缘导线穿同一根管时，导线的总截面积（包括外护层）不应大于管内净面积的 40%，两根导线穿同一根管时，管内径不应小于两根导线直径之和的 1.35 倍。

5）电线管和热水管、蒸汽管同时敷设时，电线管应敷设在热水管、蒸汽管的下面；有困难时，可敷设在上面，但与热水管的间距不应小于 0.3m，与蒸汽管的间距不应小于 1.0m；电线管和其他管道的平行净距不应小于 0.1m。

6）穿金属管的交流线路，应使所有的相线和零线处在同一管内。

7）绝缘导线穿管敷设，则注意其电压等级不应低于交流 750V。

3. 线槽布线

线槽布线宜用于干燥和不易受机械损伤的场所。线槽有塑料（PVC）线槽、金属线槽、地面线槽等，如图 6-3 所示。地面线槽每 4～8m 接一个分线盘或出线盘。布槽时拉线非常容易，因此距离不限。强、弱电可以走同路两条相邻的地面线槽，而且可接到同一线盒内的各自插座。当然，地面线槽必须接地屏蔽，产品质量也要过关。如办公或营业大厅面积很大，计算机距离墙壁较远，如果使用长跳线直接连接到墙上的信息插座和电源插座，显然是不合适的。这时，在地面线槽的附近留一个出线盒，即可同时解决网络接入和电源供应的问题。

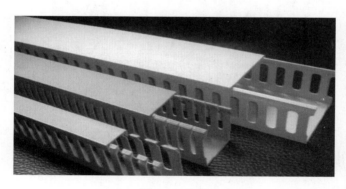

图 6-3 线槽

6.2 智能照明开关布线

智能开关是指利用控制板和电子元器件的组合及编程，以实现电路智能化通断的器件。它和机械式墙壁开关相比，功能特色多、使用安全，而且式样美观。打破了传统墙壁开关的开与关的单一作用，除了在功能上的创新还赋予了开关装饰点缀的效果。家庭智能照明开关的种类繁多，已有上百种，而且其品牌还在不断地增加，其中市场所使用的智能开关不外乎几种技术：电力载波、无线、有线。

智能开关功能如下：

（1）相互控制 房间里所有的灯都可以在每个智能开关上控制，在每个智能开关上最多能控制 27 路。照明显示：房间里所有电灯的状态会在每一个智能开关上显示出来。多种操作：可本位手动、红外遥控、异地操作（可以在其他房间控制本房间的灯）。

（2）本位控制 可直接打开本位智能开关所连接的灯本位锁定；可禁止所有的智能开关对本房间的灯进行操作全关功能；可一键关闭房间里所有的灯或关闭任何一个房间的灯。

现在的智能开关布线都很简单。具体如下：火线、零线、信号线（两芯）。智能开关底座分为强电接口和弱点接口，强电接口接火线和零线，弱电接口接信号线。强电部分每一个智能开关只需要接所在房间的线路；弱电部分把每个智能开关串联起来就可以（信号线的两个芯不能接反）。智能开关本身就是弱电控制，现在大部分都是触屏面板的。使用很方便，安装也不复杂，而且智能开关正在普及，是非常不错的选择。图 6-4 为 OULU 智能开关的接线图。

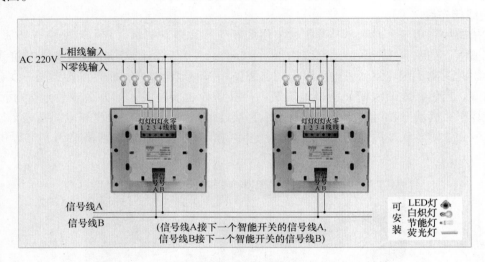

图 6-4　OULU 智能开关

6.3　智能照明控制系统的布线

智能照明控制系统一般分为强电和弱电两部分，两者既有联系又有区别，强电是指能源（电力），其特点是电压高、电流大、功率大、频率低，主要考虑的问题是减少损耗、提高效率；而弱电的对象主要是信息，即信息的传送和控制，其特点是电压低、电流小、功率小、频率高，主要考虑的是信息传送的效果问题，如信息传送的保真度、速度、广度、可靠性。

1. 强电部分

1）负载回路连接到输出单元的输出端，零线和地线接到统一的零地排上；

2）负载容量较大时，仅考虑加大输出单元容量，控制开关不受影响；

3）控制开关距离较远时，只需加长控制总线的长度，可节省大截面电缆用量；

4）当控制区域功能增加时，只需改变控制开关的内部程序而不用重新布线。

2. 弱电部分

　　智能照明系统所有的设备只需采用一根 EIB（电气安装总线）总线连接起来，结构可以是树形、星形、线形，EIB 总线采用具有屏蔽功能的四芯双绞线，可以和强电桥架共同铺设而不用担心干扰引起的信号传送问题；所有的驱动设备直接接入负载而不用额外的选用接触器，驱动模块采用标准的 35mm DIN 导轨安装在照明配电箱内的微型断路器下方，接线简单、结构明了。

第 7 章
综合布线系统的验收与检测

7.1 综合布线系统的检测

综合布线系统是智能建筑内的一条高速公路，可以统一规划、统一设计，将连接线缆综合布在建筑物内，它是网络中最基础、最重要的组成部分，是连接每一个服务器和工作站的纽带，起着信息通路的关键作用，同时它也是一项隐蔽工程，若出现差错，将会给使用者带来无法挽回的损失。所以，科学规范的测试在布线工程中起着重要的作用。

综合布线系统测试类型包括如下：

7.1.1 验证测试

施工过程中的验证测试环节必不可少。验证测试是施工人员在施工过程中边施工边做的测试，目的是解决综合布线安装、打线的正确性。通过此项工作，了解安装工艺水平，及时发现施工安装过程中的问题，可以得到相应修正，不至于等到工程完工时再发现问题，重新返工，耗费大量的、不必要的人力、物力和财力。

验证测试不需要使用复杂的测试仪，只要购置检验布线是否正确和测试长度的测试仪（见图 7-1）就可以了。因为在工程竣工检查中，发现信息链路不通、短路、反接、线对交叉、链路超长的情况，往往占整个工程发现问题的 80%。而这些问题在施工初期都是非常容易解决的事，调换一下缆线，修正一下路由即解决了；如果到了布线后期发现，就非常难以解决了。

图 7-1 常用的测试仪器

7.1.2　认证测试

认证测试是在验证测试的基础上，增加了故障诊断测试和多种类别的电缆测试。

综合布线系统的认证测试是所有测试工作中最重要的环节，也称为竣工测试。综合布线系统的性能不仅取决于综合布线方案设计、施工工艺，同时取决于在工程中所选的器材的质量，在认证过程中，认证测试仪器（见图 7-2）的使用很重要。认证测试是检验工程设计水平和工程质量的总体水平行之有效的手段，所以对于综合布线系统必须要求进行认证测试，最后结果是一份关于测试线路的测试报告。

综合布线的认证测试如下：

（1）自我认证测试　自我认证测试由施工方自己组织进行，按照设计施工方案对工程每一条链路进行测试，确保每一条链路都符合标准要求。

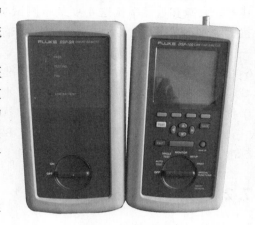

图 7-2　综合布线的认证测试仪

如果发现未达标链路，应进行修改，直至复测合格；同时需要编制确切的测试技术档案，写出测试报告，交建设方存档。测试记录应准确、完整、规范，方便查阅。

（2）第三方认证测试　第三方认证测试目前主要采用两种做法：

1）对工程要求高、使用器材类别高、投资较大的工程，建设方除要求施工方要做自我认证测试外，还邀请第三方对工程做全面验收测试。

2）建设方在施工方做自我认证测试的同时，请第三方对综合布线系统链路做抽样测试。按工程规模确定抽样样本数量，一般 1000 个信息点以上的工程抽样 30%，1000 个信息点以下的工程抽样 50%。

7.1.3　综合布线系统测试标准

1. 测试标准

国家标准：我国目前使用的最新国家标准为《综合布线系统工程验收规范》（GB/T 50312—2016），该标准包括了目前使用最广泛的 5 类电缆、5e 类电缆、6 类电缆和光缆的测试方法。

其他常用的主要北美标准包括：EIA/TIA 568A、TSB-67《非屏蔽双绞线（UIP）电缆布线的现场技术规范》EIA/TIA 568A，TSB-95《100Ω 4 对 5 类线附加传输性能规范》、EIA/TIA 568A-5—2000《100Ω 4 对增强 5 类布线传输性能规范》、EIA/TIA 568B《6 类布线传输性能规范》。

其他布线标准包括 ISO/IEC 11801—2002，内容和 EIA/TIA 568B 非常相近。

2. 测试内容

（1）5 类电缆系统的测试内容　EIA/TIA 568A 和 TSB-67 标准规定的 5 类电缆布线现场测试参数主要有接线图、长度、近端串扰和衰减。ISO/IEC 11801 标准规定的 5 类电缆布线现场测试参数主要有接线图、长度、近端串扰、衰减、衰减串扰比和回波损耗。国标 GB/T 50312—2016 规定的 5 类电缆布线现场基本测试项目有接线图、长度、衰减和近端串扰；任选测试项目有衰减串扰比、环境噪声干扰强度、传输延迟、回波损耗、特性阻抗和直流环路电阻等内容。

（2）5e 类电缆系统的测试内容　EIA/TIA 568-5—2000 和 ISO/IEC 11801—2000 是正式公布的 5e 类 D 级双绞线电缆系统的现场测试标准。5e 电缆系统的测试内容既包括长度、接线图、衰减和近端串扰这 4 项基本测试项目，也包括回波损耗、衰减串扰比、综合近端串扰、等效远端串扰、综合远端串扰、传输延迟、直流环路电阻等参数。

（3）6 类电缆系统的测试内容　EIA/TIA 568B 1.1 和 ISO/IEC 11801 2002 是正式公布的 6 类 E 级双绞线电缆系统的现场测试标准。6 类电缆系统的测试内容包括接线图、长度、衰减、近端串扰、传输延迟、延迟偏离、直流环路电阻、综合近端串扰、回波损耗、等效远端串扰、综合等效远端串扰、综合衰减串扰比等参数。

（4）光缆系统的测试内容　国标 GB/T 50312—2016 是正式公布对光纤系统的现场测试标准，测试内容包括连通性、插入损耗、长度、衰减等参数。

7.2　线缆的测试与认定

7.2.1　电缆的认证测试模型

1. 基本链路模型

基本链路包括三部分：最长为 90m 的在建筑物中固定的水平布线电缆、水平电缆两端的接插件（一端为工作区信息插座，另一端为楼层配线架）和两条与现场测试仪相连的 2m 测试设备跳线。

基本链路模型如图 7-3 所示，图中，F 是信息插座至配线架之间的电缆；G、E 是测试设备跳线。F 是综合布线系统施工承包商负责安装的，链路质量由其负责，所以基本链路又称为承包商链路。

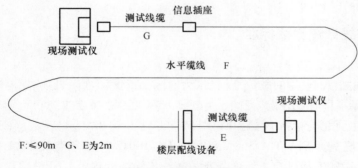

图 7-3　基本链路模型

2. 永久链路模型

永久链路又称固定链路，在国际标准化组织 ISO/IEC 所制定的 5e 类、6 类标准草案及 TIA/EIA568B 新的测试定义中，定义了永久链路模型，它将代替基本链路模型。永久链路方式供工程安装人员和用户用以测量安装的固定链路性能。

永久链路由最长为 90m 的水平电缆、水平电缆两端的接插件（一端为工作区信息插座，另一端为楼层配线架）和链路可选的转接连接器组成，与基本链路不同的是，永久链路不包括两端 2m 测试电缆,电缆总长度为 90m;而基本链路包括两端的 2m 测试电缆,电缆总计长度为 94m。永久链路模型如图 7-4 所示。H 是从信息插座至楼层配线设备(包括集合点)的水平电缆,H 的最大长度为 90m。

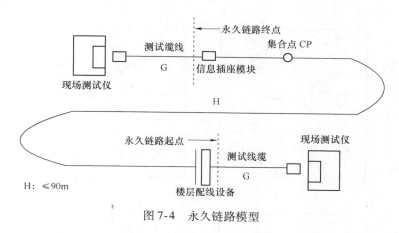

图 7-4　永久链路模型

3. 信道模型

信道是指从网络设备跳线到工作区跳线的端到端的连接,包括最长 90m 的水平线缆、水平电缆两端的接插件(一端为工作区信息插座,另一端为配线架)、一个靠近工作区的可选的附属转接连接器,最长 10m 的在楼层配线架和用户终端的连接跳线,信道最长为 100m。信道模型如图 7-5 所示。其中,A 是用户端连接跳线;B 是转接电缆;C 是水平电缆;D 是最大 2m 的跳线;E 是配线架到网络设备的连接跳线;B 和 C 总计最大长度为 90m;A、D 和 E 总计最大长度为 10m。

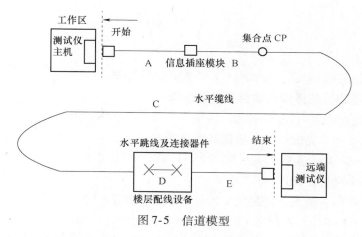

图 7-5　信道模型

信道测试的是网络设备到计算机间端到端的整体性能,是用户所关心的,所以信道也被称为用户链路。

7.2.2　电缆的认证测试参数

1. 接线图的测试

接线图的测试如图 7-6 所示,主要测试布线链路有无终接错误的一项基本检查,测试的接线图显示出所测每条 8 芯电缆与配线模块接线端子的连接实际状态。正确的线对组合为：1/2、3/6、4/5、7/8，分为非屏蔽和屏蔽两类，对于非 RJ-45 的连接方式按相关规定要求列出结果。

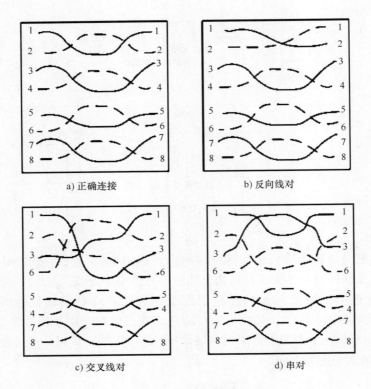

a) 正确连接　　　　　　　　　b) 反向线对

c) 交叉线对　　　　　　　　　d) 串对

图 7-6　接线图测试

2. 长度

布线链路及信道缆线长度应在测试连接图所要求的极限长度范围之内。

3. 5 类水平链路及信道测试项目及性能指标

项目包括：近端串音（dB）、衰减（dB）。

4. 5e 类、6 类和 7 类信道测试项目及性能指标

5e 类、6 类和 7 类信道测试项目及性能指标具体可参看国标 GB/T 50312—2016 中的要求（测试条件为环境温度 20℃）。

5. 5e 类、6 类和 7 类永久链路或 CP 链路测试项目及性能指标

5e 类、6 类和 7 类永久链路或 CP 链路测试项目及性能指标应符合相关要求。

6. 测试结果记录

所有电缆的链路和信道测试结果应有记录，记录在管理系统中并纳入文档管理。电缆系统电气性能测试项目应根据布线信道或链路的设计等级和布线系统的类别要求制定。各项测试结果应有详细记录，作为竣工资料的一部分。测试记录内容和形式宜符合表 7-1 的要求。

表 7-1 信道测试结果记录

工程项目名称										
序号	编 号			内 容						备 注
				电缆系统						
	地址号	缆线号	设备号	长度	接线图	衰减	近端串音	…	电缆屏蔽层连通情况	其他任选项目	
测试日期、人员及测试仪表型号测试仪表精度										
处理情况										

7.2.3 测试仪器

7.2.3.1 测试仪器的类型

测试仪器的类型如图 7-7 所示。

7.2.3.2 常用测试仪表

1. 简易布线通断测试仪

如图 7-8 所示是最简单的电缆通断测试仪，包括主机和远端机，测试时，线缆两端分别连接到主机和远端机上，根据显示灯的闪烁次序就能判断双绞线 8 芯线的通断情况，但不能确定故障点的位置。这种仪器的功能相对简单，通常只用于测试网络的通断情况，可以完成双绞线和同轴电缆的测试。

2. MicroScanner 电缆验测仪

Fluke MicroScanner Pro2（MS2）是专为防止和解决电缆安装问题而设计的。如图 7-9 所示。使用线序适配器可以迅速检验 4 对线的连通性，以确认被测电缆的线序正确与否，并识别开路、短路、跨接、串扰或任何错误连线，迅速定位故障，从而确保基本的连通性和端接的正确性。

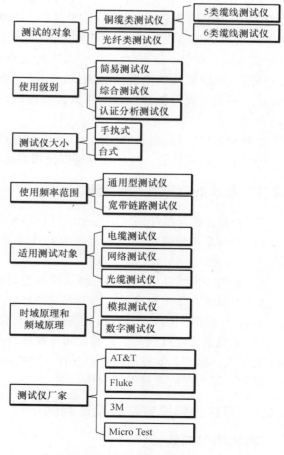

图 7-7 测试仪器的类型

图 7-8　简易布线通断测试仪　　　　　　　图 7-9　Fluke MicroScanner Pro2 电缆验测仪

3. Fluke DTX 系列电缆认证分析仪

福禄克网络公司推出的 DTX 系列电缆认证分析仪全面支持国标 GB/T 50312—2016。Fluke DTX 系列中文数字式线缆认证分析仪有 DTX-LT AP［标准型（350M 带宽）］、DTX-1200 AP［增强型（350M 带宽）］、DTX-1800 AP［超强型（900M 带宽）］等几种类型可供选择。如图 7-10 所示为 Fluke DTX-1800 AP 电缆认证分析仪。这种测试仪可以进行基本的连通性测试，也可以进行比较复杂的电缆性能测试，能够完成指定频率范围内衰减、近端串扰等各种参数的测试，从而确定其是否能够支持高速网络。

图 7-10　Fluke DTX-1800 AP
电缆认证分析仪

这种测试仪一般包括两部分：基座部分和远端部分。基座部分可以生成高频信号，这些信号可以模拟高速局域网设备发出的信号。

7.2.4　双绞线连通性简单测试

1）若有一根导线断路，则主测试仪和远程测试端对应线号的灯都不亮。

2）若有几条导线断路，则相对应的几条线都不亮，当导线少于 2 根线连通时，灯都不亮。

3）若两头网线乱序，则与主测试仪端连通的远程测试端的线号亮。

4）当导线有 2 根短路时，则主测试器显示不变，而远程测试端显示短路的两根线灯都亮。若有 3 根以上（含 3 根）线短路时，则所有短路的几条线对应的灯都不亮。

5）如果出现红灯或黄灯，就说明存在接触不良等现象，此时最好先用压线钳压制两端水晶头一次，再测，如果故障依旧存在，就得检查一下芯线的排列顺序是否正确。如果芯线顺序错误，那么就应重新进行制作。

7.2.5　双绞线链路或跳线验证测试

测试双绞线布线

（1）启动测试仪　如果测试仪已经启动并处于同轴电缆模式，按 Y 切换到双绞线测试模式。

（2）将测试仪和线序适配器或 ID 定位器连至布线中 如图 7-11～图 7-14 所示，测试将连续运行，直到更改模式或关闭测试仪。

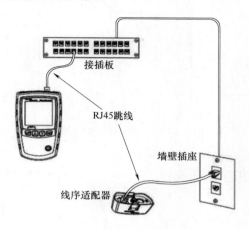

图 7-11 测试连接

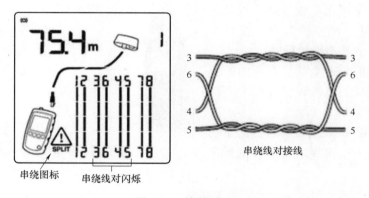

图 7-12 串扰测试

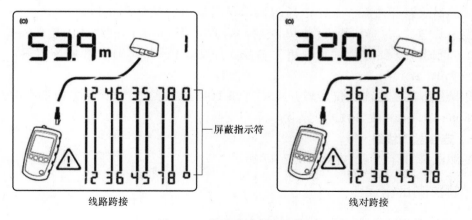

图 7-13 线路跨接和线对跨接

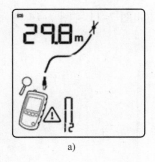 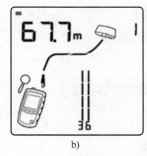 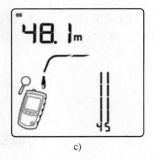

a)   b)   c)

图 7-14　单独线对的结果屏幕

7.2.6　双绞线链路及信道认证测试

7.2.6.1　基准设置

在使用测试仪之前，首先需要进行基准设置。

基准设置程序可用于设置插入损耗及 ACR-F（ELFEXT）测量的基准，在下面时间运行测试仪的基准设置程序：

1）如果要将测试仪用于不同的智能远端，可将测试仪的基准设置为两个不同的智能远端。如图 7-15 所示。

2）通常每隔 30 天就需要运行测试仪的基准设置程序，以确保取得准确度最高的测试结果。

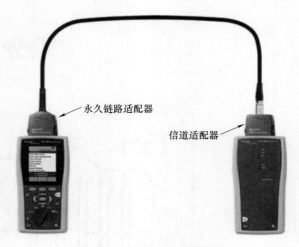

永久链路适配器

信道适配器

图 7-15　测试仪的基准设置

更换链路接口适配器后无须重新设置基准。

7.2.6.2　线缆类型及相关测试参数的设置

在用测试仪测试之前，需要选择测试依据的标准、选择测试链路类型（基本链路、永久链路、信道）、选择线缆类型（3 类、5 类、5e 类、6 类双绞线，还是多模光纤或单模光纤）。同时还需要对测试时的相关参数（如测试极限、NVP、插座配置等）进行设置。如图 7-16 所示。

具体操作方法是将测试仪旋转开关转至 SETUP（设置）位置，用方向键选中双绞线；然后按 Enter 键，对相关参数进行设置。

7.2.6.3　连接被测线路

电缆测试仪的信道测试连接如图 7-17 所示。

7.2.7　解决测试错误

7.2.7.1　接线图测试未通过

接线图测试未通过有下列原因。

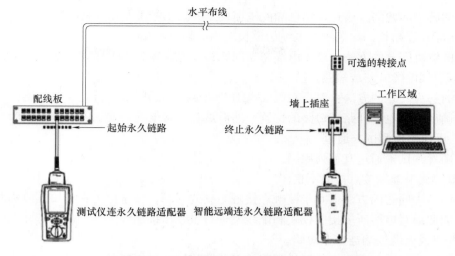

图 7-16 电缆测试仪的永久链路测试连接

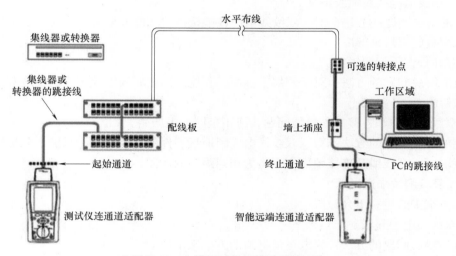

图 7-17 电缆测试仪的信道测试连接

1）双绞线电缆两端的接线线序不对，造成测试接线图出现交叉现象。

相应的解决问题的方法：对于双绞线电缆两端端接线序不对的情况，可以采取重新端接的方式来解决。

2）双绞线电缆两端的接头有断路、短路、交叉、破裂的现象。

相应的解决问题的方法：对于双绞线电缆两端的接头出现的短路、断路等现象，首先应根据测试仪显示的接线图判定双绞线电缆的哪一端出现了问题，然后重新端接。

3）网络特意需要发送端和接收端跨接，当测试这些网络链路时，由于设备线路的跨接，测试接线图会出现交叉。

相应的解决问题的方法：对于跨接问题，应确认其是否符合设计要求。

7.2.7.2 链路长度测试未通过

链路长度测试未通过有下列原因。

1）测试 NVP 设置不正确。

相应的解决问题的方法：可用已知的电缆确定并重新校准测试仪的 NVP。

2）实际长度超长，如双绞线电缆信道长度不应超过 100m。

相应的解决问题的方法：对于电缆超长问题，只能重新布设电缆来解决。

3）双绞线电缆开路或短路。

相应的解决问题的方法：对于双绞线电缆开路或短路的问题，首先要根据测试仪显示的信息，准确地定位电缆开路或短路的位置，然后重新端接电缆。

7.2.7.3 近端串扰测试未通过

近端串扰测试未通过有下列原因。

1）双绞线电缆端接点接触不良。

相应的解决问题的方法：对于接触点接触不良的问题，经常出现在模块压接和配线架压接方面，因此应对电缆所端接的模块和配线架进行重新压接加固。

2）双绞线电缆远端连接点短路。

相应的解决问题的方法：对于远端连接点短路问题，可以通过重新端接电缆来解决。

3）双绞线电缆线对钮绞不良。

相应的解决问题的方法：对于双绞线电缆在端接模块或配线架时，线对纽绞不良，则应采取重新端接的方法来解决。

4）存在外部干扰源影响。

相应的解决问题的方法：对于外部干扰源，只能采用金属线槽或更换为屏蔽双绞线电缆的手段来解决。

5）双绞线电缆和连接硬件性能问题，或不是同一类产品。

相应的解决问题的方法：对于双绞线电缆和连接硬件的性能问题，只能采取更换的方式来彻底解决，所有线缆及连接硬件应更换为相同类型的产品。

7.2.7.4 衰减测试未通过

衰减测试未通过有下列原因。

1）双绞线电缆超长。

相应的解决问题的方法：采取更换电缆的方式来解决。

2）绞线电缆端接点接触不良。

相应的解决问题的方法：采取重新端接的方式来解决。

3）电缆和连接硬件性能问题，或不是同一类产品。

相应的解决问题的方法：采取更换的方式来彻底解决，所有线缆及连接硬件应更换为相同类型的产品。

4）现场温度过高。

7.3 光纤传输通道测试

7.3.1 光纤链路测试方法

7.3.1.1 光纤链路测试内容

根据国标 GB/T 50312—2016 的规定，光纤链路主要测试以下内容。

1）在施工前进行器材检验时，一般检查光纤的连通性，必要时宜采用光纤损耗测试仪（稳定光源和光功率计组合）对光纤链路的插入损耗和光纤长度进行测试。

2）对光纤链路（包括光纤、连接器件和熔接点）的衰减进行测试，同时测试光跳线的衰减值可作为设备连接光缆的衰减参考值，整个光纤信道的衰减值应符合设计要求。

7.3.1.2　光纤链路测试连接

对光纤链路性能测试是对每一条光纤链路的两端在双波长情况下测试收/发情况，依据国家标准 GB/T 50312—2016《综合布线系统工程验收规范》定义。

1）在两端对光纤逐根进行双向（收与发）测试时，连接方式如图 7-18 所示，其中，光连接器件可以为工作区 TO、电信间 FD、设备间 BD、CD 的 SC、ST、SFF 连接器件。

2）光缆可以为水平光缆、建筑物主干光缆和建筑群主干光缆。

3）光纤链路中不包括光跳线在内。

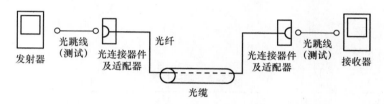

图 7-18　光纤链路测试连接（单芯）

7.3.1.3　光纤链路长度

光纤链路包括光纤布线系统两个端接点之间的所有部件，包括光纤、光纤连接器、光纤接续子等。

1. 水平光缆链路

水平光纤链路从水平跳接点到工作区插座的最大长度为100m，它只需 850nm 和 1300nm 的波长，要在一个波长内单方向进行测试。

2. 主干多模光缆链路

主干多模光缆链路应该在 850nm 和 1300nm 波段进行单向测试，链路在长度上有如下要求：

1）从主跳接到中间跳接的最大长度是 1700m。

2）从中间跳接到水平跳接的最大长度是 300m。

3）从主跳接到水平跳接的最大长度是 2000m。

3. 主干单模光缆链路

主干单模光缆链路应该在 1310nm 和 1550nm 波段进行单向测试，链路在长度上有如下要求：

1）从主跳接到中间跳接的最大长度是 2700m。

2）从中间跳接到水平跳接的最大长度是 300m。

3）从主跳接到水平跳接的最大长度是 3000m。

7.3.1.4　光纤链路衰减

（1）材料原因：光纤纯度不够，或材料密度的变化太大。

（2）光缆的弯曲程度：包括安装弯曲和产品制造弯曲问题。光缆对弯曲非常敏感，如果弯曲半径大于 2 倍的光缆外径，大部分光将保留在光缆核心内。单模光缆比多模光缆更敏感。

（3）光缆接合以及连接的耦合损耗：主要由截面不匹配、间隙损耗、轴心不匹配和角度不匹配造成。

（4）不洁或连接质量不良：主要由不洁净的连接，灰尘阻碍光传输，手指的油污影响光传输，不洁净光缆连接器等造成。

7.3.1.5 光纤链路测试技术指标

在综合布线系统中，光纤链路的距离较短，因此与波长有关的衰减可以忽略，光纤连接器损耗和光纤接续子损耗是水平光纤链路的主要损耗。

最大光缆衰减；

光缆信道衰减；

插入损耗。

7.3.1.6 测试记录

测试记录表见表 7-2。

表 7-2　测试记录

序号	工程项目名称			光 缆 系 统								备注
	编 号			多 模				单 模				
				850nm		1300nm		1310nm		1550nm		
	地址号	缆线号	设备号	衰减（插入损耗）	长度	衰减（插入损耗）	长度	衰减（插入损耗）	长度	衰减（插入损耗）	长度	
测试日期、人员及测试仪表型号测试仪表精度												
处理情况												

7.3.2　光纤测试设备

7.3.2.1　光纤识别仪和故障定位仪

光纤识别仪是一种在不破坏光纤、不中断通信的前提下迅速、准确地识别光纤路线，指出光纤中是否有光信号通过以及光信号走向，而且它还能识别 2kHz 的调制信号，光纤夹头具有机械阻尼设计，以确保不对光纤造成永久性伤害，是线路日常维护、抢修、割接的必备工具之一，使用简便，操作舒适。如图 7-19 所示。

光纤故障定位仪是可以识别光纤链路中故障的设备，如图 7-19 所示。可以从视觉上识别出光纤链路的断开或光纤断裂。

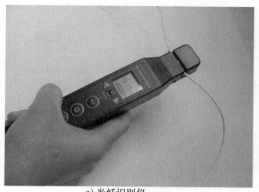

a) 光纤识别仪   b) 光纤故障定位仪

图 7-19 光纤识别仪和故障定位仪

7.3.2.2 光功率计

光功率计是测试光纤布线链路损耗的基本测试设备,如图 7-20 所示。它可以测量光缆的出纤光功率。在光纤链路段,用光功率计可以测量传输信号的损耗和衰减。

大多数光功率计是手提式设备,用于测试多模光缆布线系统的光功率计的工作波长是850nm 和 1300nm,用于测试单模光缆的光功率计的测试波长是 1310nm 和 1550nm。光功率计和激光光源一起使用,是测试评估楼内、楼区布线多模光缆和野外单模光缆最常用的测试设备。

7.3.2.3 光纤测试光源

在进行光功率测量时必须有一个稳定的光源。光纤测试光源可以产生稳定的光脉冲。光纤测试光源和光功率计一起使用,这样,功率计就可以测试出光纤链路路段的损耗。光纤测试光源如图 7-21 所示。

图 7-20 光功率计   图 7-21 光纤测试光源

目前的光纤测试光源主要有 LED(发光二极管)光源和激光光源两种;VCSEL(垂直腔体表面发射激光)光源是一种性能好且制造成本低的激光光源,目前很多网络互连设备都可以提供 VCSEL 光源的端口。

7.3.2.4　光损耗测试仪

光损耗测试仪是由光功率计和光纤测试光源组合在一起构成的。光损耗测试仪包括所有进行链路段测试所必需的光纤跳线、连接器和耦合器。

光损耗测试仪可以用来测试单模光缆和多模光缆。用于测试多模光缆的光损耗测试仪有一个 LED 光源，可以产生 850nm 和 1300nm 的光；用于测试单模光缆的光损耗测试仪有一个激光光源，可以产生 1310nm 和 1550nm 的光，如图 7-22 所示。

7.3.2.5　光时域反射仪

光时域反射仪（OTDR）是最复杂的光纤测试设备，如图 7-23 所示为 Fluke 公司的 OptiFiber 光缆认证（OTDR）分析仪——OF 500。OTDR 可以进行光纤损耗的测试，也可以进行长度测试，还可以确定光纤链路故障的起因和故障位置。

图 7-22　光损耗测试仪

图 7-23　光时域反射仪

OTDR 使用的是激光光源，而不像光功率计那样使用 LED。OTDR 基于回波散射的工作方式，光纤连接器和接续子在连接点上都会将部分光反射回来。OTDR 通过测试回波散射的量来检测链路中的光纤连接器和接续子。OTDR 还可以通过测量回波散射信号返回的时间来确定链路的距离。

7.3.2.6　Fluke DTX 测试仪选配光纤模块

使用 Fluke DTX 测试仪测试光纤链路时，必须配置光纤链路测试模块，并根据光纤链路的类型选择单模或多模模块。

将多模或单模 DTX 光缆模块插入 DTX 电缆认证分析仪背面专用的插槽中，无须再拆卸下来。如图 7-24 所示。不像传统的光缆适配器需要和双绞线适配器共享一个连接头，DTX 光缆测试模块通过专用的数字接口和 DTX 通信。双绞线适配器和光缆模块可以同时接插在 DTX 上。这样的优点是单键就可快速在铜缆和光缆介质测试间进行转换。

7.3.2.7　光纤链路连通性测试

1）连接至安装光纤，没有接收光纤，如图 7-25 所示。

2）连接至安装光纤，有接收光纤，如图 7-26 所示。

3）连接至未安装光纤，如图 7-27 所示。

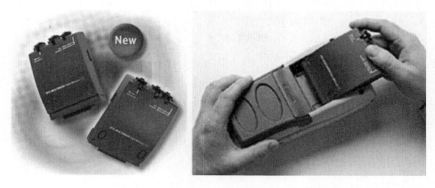

图 7-24 Fluke DTX 测试仪选配光纤模块

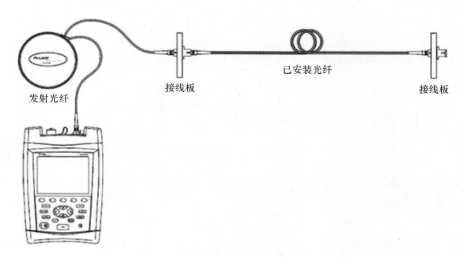

图 7-25 连接至安装光纤（没有接收光纤）

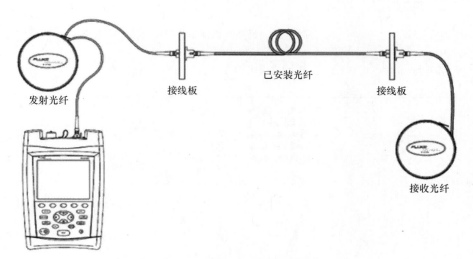

图 7-26 连接至安装光纤（有接收光纤）

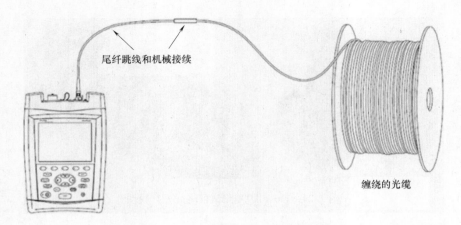

图 7-27   连接至未安装光纤

4）通道映射测试连接，如图 7-28 所示。

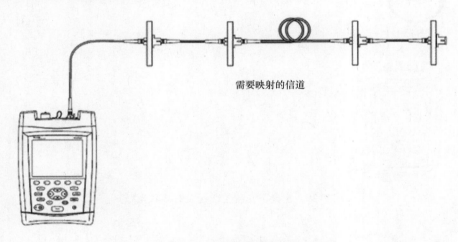

图 7-28   通道映射测试连接

5）使用 FiberInspector 探头，如图 7-29 所示。

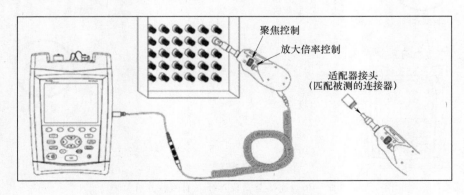

图 7-29   使用 FiberInspector 探头

7.4　系统的验收与接收

综合布线系统工程经过设计、施工阶段最后进入测试、验收阶段，工程验收全面考核工程的建设工作，检验设计质量和工程质量，是施工单位向用户移交的正式手续。

综合布线系统工程验收是一个系统性的工作，主要包括前面介绍的链路连通性、电气和物理特性测试，还包括施工环境、工程器材、设备安装、线缆敷设、线缆终接、竣工验收技术文档等。

7.4.1　竣工验收的依据和标准

1）综合布线系统工程的验收首先必须以工程合同、设计方案、设计修改变更单为依据。

2）布线链路性能测试应符合国标 GB/T 50312—2016，按 GB/T 50312—2016 验收，也可按照 EIA/TIA 568 B 和 ISO/IEC 11801—2002 标准进行。

3）综合布线系统工程验收主要参照国标 GB/T 50312—2016 中描述的项目和测试过程进行。此外，综合布线系统工程验收还涉及其他标准规范，如《智能建筑工程质量验收规范》（GB 50339—2013）、《建筑电气工程施工质量验收规范》（GB 50303—2015）、《通信管道工程施工及验收技术规范》（GB 50374—2006）等。

当工程技术文件、承包合同文件要求采用国际标准时，应按相应的标准验收，但不应低于国标 GB/T 50312—2016 的规定。以下国际标准可供参考：

➢《用户建筑综合布线系统》（ISO/IEC 11801）；

➢《商业建筑电信布线标准》（EIA/TIA 568）；

➢《商业建筑电信布线安装标准》（EIA/TIA 569）；

➢《商业建筑通信基础结构管理规范》（EIA/TIA 606）；

➢《商业建筑通信接地要求》（EIA/TIA 607）；

➢《信息系统通用布线标准》（EN 50173）；

➢《信息系统布线安装标准》（EN 50174）。

7.4.2　验收阶段

1. 开工前检查

工程验收应当说从工程开工之日起就开始了，从对工程材料的验收开始，严把产品质量关，保证工程质量。开工前检查包括设备材料检验和环境检查。设备材料检验包括检查产品的规格、数量、型号是否符合设计要求，检查线缆外护套有无破损，抽查线缆的电气性能指标是否符合技术规范。环境检查包括检查土建施工情况，包括地面、墙面、门、电源插座及接地装置、机房面积、预留孔洞等环境。

2. 随工验收

在工程中为随时考核施工单位的施工水平和施工质量，对产品的整体技术指标和质量有一个了解，部分的验收工作应该在随工中进行（比如布线系统的电气性能测试工作、隐蔽工程等）。

3. 初步验收

所有的新建、扩建和改建项目，都应在完成施工调试之后进行初步验收。初步验收的时间应在原定计划的建设工期内进行，由建设单位组织相关单位（如设计、施工、监理、使用等单位人员）参加。初步验收工作包括检查工程质量，审查竣工材料，对发现的问题提出处理意见，并组织相关责任单位落实解决。

4. 竣工验收

综合布线系统接入电话交换系统、计算机局域网或其他弱电系统，在试运转后的半个月内，由建设单位向上级主管部门报送竣工报告（含工程的初步决算及试运行报告），并请示主管部门接到报告后，组织相关部门按竣工验收办法对工程进行验收。

7.4.3 综合布线系统工程验收的项目及内容

1. 综合布线系统工程竣工验收的前提条件

通常，工程竣工验收应具备以下前提条件：

1）隐蔽工程和非隐蔽工程在各个阶段的随工验收已经完成，且验收文件齐全。

2）综合布线系统中的各种设备都已自检测试，测试记录齐备。

3）综合布线系统和各个子系统已经试运行，且有试运行的结果。

4）工程设计文件、竣工资料及竣工图样均完整、齐全。此外，设计变更文件和工程施工监理代表签证等重要文字依据均已收集汇总，装订成册。

2. 综合布线系统工程验收的组织

通常的综合布线系统工程验收小组可以考虑聘请以下人员参与工程的验收：

1）工程双方单位的行政负责人。

2）工程项目负责人及直接管理人员。

3）主要工程项目监理人员。

4）建筑设计施工单位的相关技术人员。

5）第三方验收机构或相关技术人员组成的专家组。

3. 综合布线系统工程检验项目及内容

对综合布线系统工程而言，验收的主要内容为：环境检查、器材检验、设备安装检验、线缆敷设和保护方式检验、线缆终接、工程电气测试等8部分。

7.4.4 移交竣工技术资料

7.4.4.1 竣工技术资料的内容

1）安装工程量；

2）工程说明；

3）设备、器材明细表；

4）竣工图样；

5）测试记录（宜采用中文表示）；

6）工程变更、检查记录及施工过程中，需更改设计或采取相关措施，建设、设计、施工等单位之间的双方洽商记录；

7）随工验收记录；

8）隐蔽工程签证；

9）工程决算。

7.4.4.2 竣工技术资料的要求

1）竣工验收的技术文件中的说明和图样，必须配套并完整无缺，文件外观整洁，文件应有编号，以利登记归档。

2）竣工验收技术文件最少一式三份，如有多个单位需要和建设单位要求增多份数时，可按需要增加文件份数，以满足各方要求。

3）文件内容和质量要求必须保证。做到内容完整齐全无漏、图样数据准确无误、文字图表清晰明确、叙述表达条理清楚，不应有互相矛盾、彼此脱节、图文不清和错误遗漏等现象发生。

4）技术文件的文字页数和其排列顺序以及图样编号等，要与目录对应，并有条理，做到查阅方便，有利于查考。文件和图纸应装订成册，取用方便。

第8章

智能建筑群网络与综合布线系统构建实例

8.1　需求分析

现有一学校需进行整体网络改造，面积 200 余亩，其中教学用地 150 多亩，高中部建筑面积 2.3 万多平方米。学校现有 79 个教学班，3500 余名学生，教职工 300 多名。

中学网络建设共包括 4 个部分：①办公区，②学生机房区，③初中楼区，④宿舍区 4 个部分。为满足教学、管理等方面的需要，将改造学校计算机网络。

8.2　系统构建

8.2.1　主要材料计算

本套系统的建设区分于之前的设计方案，综合布线不仅仅局限于楼体内部，包括楼宇之间的连接也有所设计，所以还需要较之前再增加室外线缆、管理间等项。

首先计算单个楼体内的线缆情况，通过图样可以计算出来，但是由于楼体内的空间比较大，所以采用管理间的方式，将线缆和数据进行汇聚，再次传输给核心部分。如图 8-1 所示。

若图 8-1 是其中一栋单体建筑，首先要确定的是管理间的位置，因为每层都会有对应的弱电间，那如何确定选择哪一个座位管理间呢？方法如下：

1）确定每层到弱电间的最长距离并记录；

2）确定每个弱电间到房间的最长距离；

3）将二者进行比较，若两项计算出的长度全部满足要求距离的话，再从设备间选择较为合适房间作为选择项，若不满足上述情况，需要再系统地细分；

4）根据水平布线的工作量也可以确定选择哪个弱电间当管理间。如图 8-2 所示。

单个楼体设计完成之后，将楼体的信息进行汇总，发现若将系统设置为多核心，会增加核心设备的数据处理压力，同时根据校园的地理图样，所以将整体划分为多个区域，每个区域不仅有自己的汇聚管理间，同时还拥有各自的核心设备间，核心设备间之间采用室外光缆

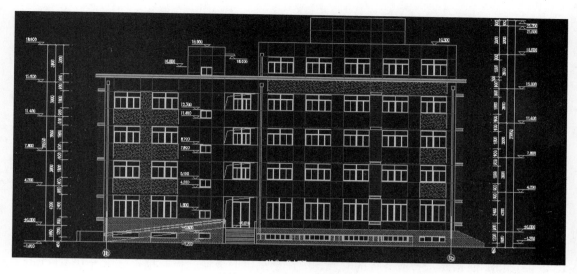

图 8-1　设计的楼宇建筑

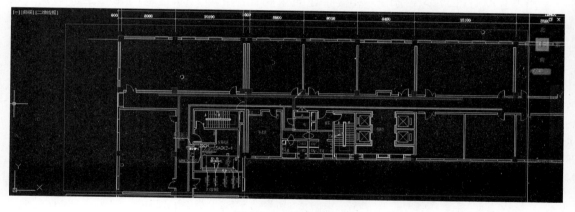

图 8-2　确定管理间

连接，为避免室外线路损坏导致网络故障，室外光缆采用多芯单模形式，既提高链路的可靠性，同时也保证链路的高速率。对于传统的建筑群一般采用架空电缆、直埋电缆和管道电缆方式，在实际工程项目施工过程中，每种方式应相互配合使用，并不是单独使用。

8.2.2　设备选择

因为本套系统建设是针对于校园网，校园网的使用主要特点有：应用业务流丰富、大数据流的传输、网络安全隐患等。以 Cisco 的产品为例，选择市场应用较为广泛的高端核心设备 6500 系列，它不但能提高用户的生产率，增强操作控制，还能提供投资保护。6500 系列交换机提供 3 插槽、6 插槽、9 插槽和 13 插槽的机箱，以及多种集成式服务模块，包括数千兆位网络安全性、内容交换、语音和网络分析模块。如图 8-3 所示。

机箱的选择不仅要考虑客户改造经费，同时也需要考虑每个区域的实际应用需求，才能为客户选择性价比最高的设备。本次校园网改造，核心机房拥有校园 50% 以上的服务器资

图 8-3　6500 系列交换机

源，这些服务器将直接连接到核心设备上，所以着重注意一下。考虑到连接接口不能局限于 RJ45 的接口，所以在选择业务板的时候，应注意接口的类型。核心设备标配一块 RJ45 的业务板和一块 SFP 的业务板。

由于建筑分部较多，所以一些楼宇建筑采用数据汇聚，通过单模光纤连接到核心网络设备上，汇聚设备只用于数据转发，不会连接终端设备，那我们应该选择光接口的网络交换机。CISCO WS-C3750G-12S-S 产品提供 12 个千兆位以太网 SFP 端口，32Gbit/s 高速堆叠总线，向网络边缘提供企业级智能服务，安装了 SMI，提供基本 RIP 和静态路由，可升级至全动态 IP 路由。支持即插即用，简单的 IP 管理。使用简单方便。如图 8-4 所示。

图 8-4　汇聚设备

楼宇建筑内部使用二层接入交换机，要求可以使得用户享受千兆桌面的效果，所以设备采用 CISCO WS-C2960S-48TS-S 和 CISCO WS-C2960S-24TS-S，设备支持千兆 SFP 光接口上联，同时还支持 24 口和 48 口的千兆电口。如图 8-5 所示。

图 8-5　二层接入交换机

8.2.3　综合布线路由设计

图 8-6 为信息中心机房综合布线设计图。

图 8-7 为楼中某楼层综合布线设计图。

图 8-8 为楼宇建筑之间光纤综合布线设计图。

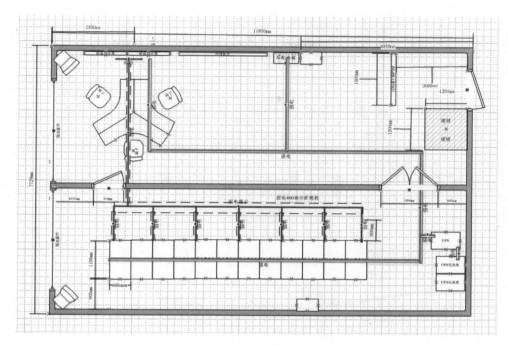

图 8-6 信息中心机房综合布线设计图

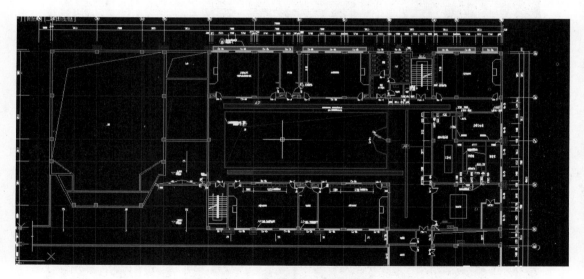

图 8-7 楼层综合布线设计图

8.2.4 综合布线相关文档制作

1. 端接点位图制作

点位图的制作是为了在施工图示上更加容易、清晰地分辨每个房间的信息点数量和位置,有助于现场施工和日后维护。在制作点位图的时候,一定要注意信息点的属性,图 8-9 是通过 Auto CAD 制作的点位图。

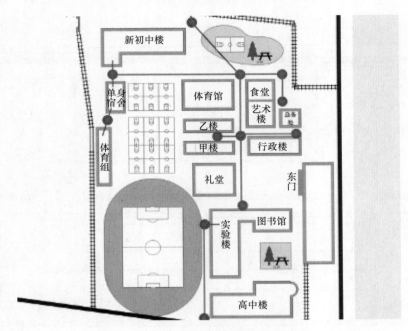

图 8-8　楼宇建筑之间光纤综合布线设计图

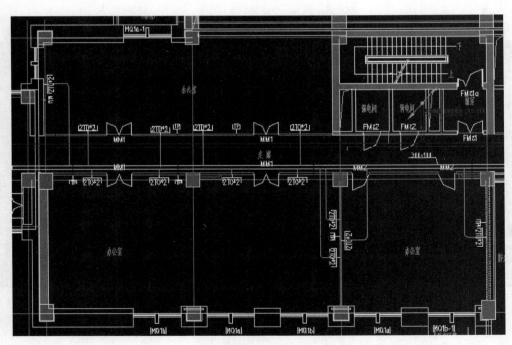

图 8-9　点位图

图 8-10 是通过 Visio 绘制的图样。

2. 配线架表制作

配线架表的制作是为了实现配线架端口与信息点的一一对应，见表 8-1，但出现问题的时候，可以在第一时间排查故障，确定原因。

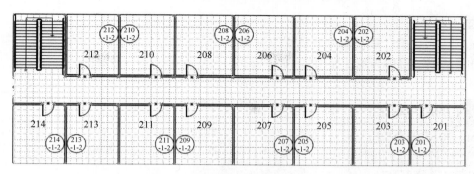

图 8-10　端接点位图

表8-1　配线架表

<table>
<tr><td colspan="13" align="center">配 线 架 表</td></tr>
<tr><td rowspan="3">1</td><td>1</td><td>2</td><td>3</td><td>4</td><td>5</td><td>6</td><td>7</td><td>8</td><td>9</td><td>10</td><td>11</td><td>12</td></tr>
<tr><td>101-2</td><td>101-1</td><td>101-3</td><td>101-4</td><td>102-1</td><td>102-2</td><td>102-3</td><td>102-4</td><td>103-1</td><td>103-2</td><td>103-3</td><td>103-4</td></tr>
<tr><td>13</td><td>14</td><td>15</td><td>16</td><td>17</td><td>18</td><td>19</td><td>20</td><td>21</td><td>22</td><td>23</td><td>24</td></tr>
<tr><td rowspan="0"></td></tr>
</table>

1	1	2	3	4	5	6	7	8	9	10	11	12
	101-2	101-1	101-3	101-4	102-1	102-2	102-3	102-4	103-1	103-2	103-3	103-4
	13	14	15	16	17	18	19	20	21	22	23	24
	104-1	104-2	104-3	104-4	105-2	105-1	105-3	105-4	106-1	106-2	106-3	106-4
2	1	2	3	4	5	6	7	8	9	10	11	12
	107-1	107-2	107-3	107-4	108-1	108-2	108-3	108-4	201-2	201-1	201-3	201-4
	13	14	15	16	17	18	19	20	21	22	23	24
	202-1	202-2	202-3	202-4	203-2	203-1	203-4	203-3	204-4	204-1	204-2	204-3
3	1	2	3	4	5	6	7	8	9	10	11	12
	205-2	205-1	205-3	205-4	206-2	206-1	206-3	206-4	207-2	207-1	207-3	207-4
	13	14	15	16	17	18	19	20	21	22	23	24
	208-2	208-1	208-3	208-4	301-1	301-2	301-3	301-4	302-1	302-2	302-3	302-4
4	1	2	3	4	5	6	7	8	9	10	11	12
	303-2	303-1	303-3	303-4	304-1	304-2	304-3	304-4	305-1	305-2	305-3	305-4
	13	14	15	16	17	18	19	20	21	22	23	24
	306-1	306-2	306-3	306-4	307-1	307-2	307-3	307-4	308-2	308-1	308-3	308-4

3. 跳线架表制作

跳线架表是用来表示交换机端口和配线架的对应关系。因为从交换机端口到配线架的线缆是从机柜内或者设备后，施工之后不易维护，所以才制作此表，见表8-2。

表8-2　交换机至配线架跳线表

交换机 SW-2960S-24											
1	3	5	7	9	11	13	15	17	19	21	23
B101-1	B106-1	B207-3	B402-1	B407-1	空	空	空	空	空	空	空
2	4	6	8	10	12	14	16	18	20	22	24
B105-1	B104-1	B405-3	B403-1	B401-1	空	空	空	空	空	空	空
交换机 SW-2960S-24											
1	3	5	7	9	11	13	15	17	19	21	23
B102-1	B406-3	B301-1	B303-3	B301-1	B203-1	B202-1	B201-3	B201-1	B201-3	B203-1	空
2	4	6	8	10	12	14	16	18	20	22	24
B103-1	B304-3	B303-1	B302-1	B304-1	B302-1	B103-3	B104-3	B101-1	B102-1	B204-3	B204-1

4. 测试报告制作

当施工完成之后，需要有专业的线缆测试保证来证明综合布线系统的端接情况，下面以美国 Fluke 的测试报告为例。如图 8-11 所示。

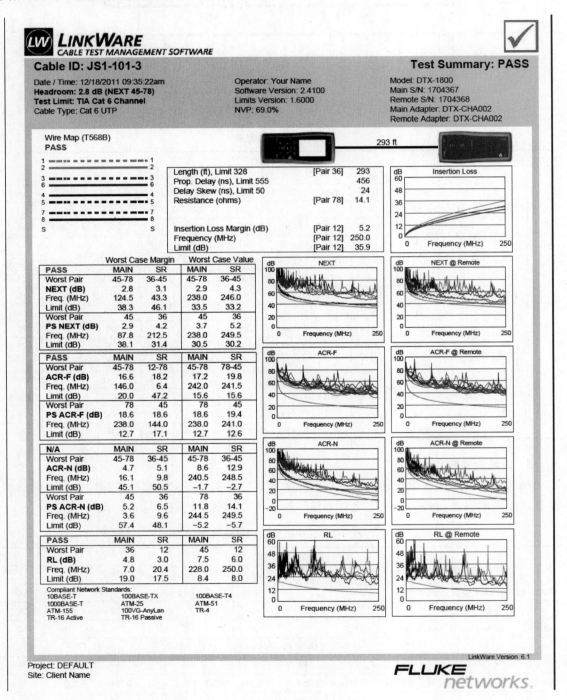

图 8-11　Fluke 的测试报告

8.2.5 网络拓扑设计

此套网络系统采用三核心双引擎冗余设计，如图 8-12 所示，在核心设备上使用 OSPF 动态路由协议技术，保障数据通信，双引擎设计提高了设备的可靠性，核心设备之间连接采用万兆光纤互联；同时接入设备采用光纤双链路通信，保障上联链路的健壮性，管理间内设备之间的互联采用多条链路，使用的链路聚合的技术，不仅增加了通信传输的带宽，也增强了链路可靠性。

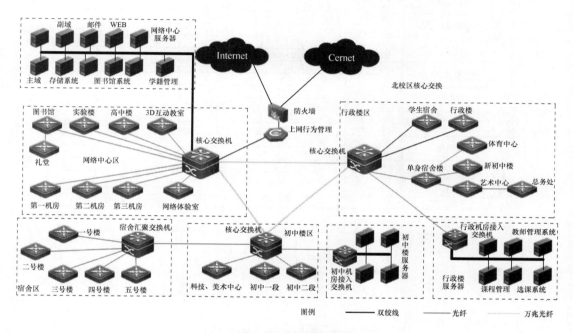

图 8-12 网络拓扑

8.2.6 技术文档

在项目施工过程中，难免会遇到不熟悉的设备或者不熟悉的应用技术，所以技术操作手册是必备的，本套项目建设采用的设备是 Cisco-6500 系列，3 台设备之间采用动态路由技术，技术操作手册如图 8-13 所示。

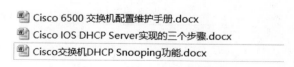

图 8-13 技术操作手册

同时需要向用户提交网络规划表格，如图 8-14 所示。

8.2.7 设备分布图

由于项目采用较多型号的网络设备，通过设备分布图，如图 8-15 所示，可以清晰设备

	设备位置	设备名称	IP地址段	VLAN	管理地址	备
2						
3	网络中心					
4						
5	行政楼机房					
6	初中楼机房					
7	网络中心	6506	–		192.168.99.254	管理V
8	服务器		192.168.0.0	VLAN 14		
9			192.168.254.0	VLAN 254		
10	辅助区域		192.168.250.0	VLAN 250		供打印
11	金融教室	2960G-48	192.168.9.0	VLAN 9		
12		2960G-48	192.168.9.0	VLAN 9		
13	实验楼第1机房	3500-48	192.168.10.0	VLAN 10	192.168.99.1	
14		3500-24	192.168.10.0	VLAN 10	192.168.99.2	
15	实验楼第2机房	2950-48	192.168.11.0	VLAN 11	192.168.99.3	
16		3500-24	192.168.11.0	VLAN 11	192.168.99.4	
17	实验楼第3机房	2960S-48	192.168.12.0	VLAN 12	192.168.99.5	
18		2960S-48	192.168.12.0	VLAN 12	192.168.99.6	
19	高中楼	2960S-48	192.168.13-15.0	VLAN 13、15、41	192.168.99.7	高中楼
20		2960S-48	192.168.13-15.0	VLAN 13、15、41	192.168.99.8	高中
21	图书馆	2960S-48	192.168.16.0	16	192.168.99.9	
22		2960S-48	192.168.16.0	16	192.168.99.10	
23	实验楼	2960S-48	192.168.17.0	17	192.168.99.11	
24		2960S-48	192.168.17.0	17	192.168.99.12	
25	实验楼多媒体展室	2960S-48	192.168.18.0	18	192.168.99.13	
26	网络体验室	2960S-48	192.168.19.0	19	192.168.99.14	
27	礼堂	2960S-48		17	192.168.99.15	
28	环境监控				192.168.99.109	
29	刀片控制	i5000	–	–	192.168.99.22	如果不能 10.10

图 8-14 网络规划表格

的使用情况, 同时在项目维护过程中, 当设备出现故障时, 可以初步定位原因。

	A 设备型号	B 位置
1		
2	CISCO 3750	教师公寓4号楼
3		单身宿舍
4		甲楼
5	CISCO 2960S-24	初中二段
6		第三机房
7		
8		高中*2
9		实验*2
10		图书馆*2
11	CISCO 2960S-48	行政核心*2
12		网络实训室
13		初中核心
14		单身宿舍
15		初中二段
16		

图 8-15 设备分布图

8.2.8 设备调试信息

将设备的调试信息备份保留, 不仅是项目验收需要提交给客户的文档信息, 也是为日后的项目维护工作, 可以提供依据参考。若不能提供文字记录, 也可以利用截图进行数据保存。如图 8-16 所示。

```
 mode sso
 main-cpu
   auto-sync running-config
!
spanning-tree mode mst
spanning-tree extend system-id
diagnostic cns publish cisco.cns.device.diag_results
diagnostic cns subscribe cisco.cns.device.diag_commands
fabric timer 15
!
vlan internal allocation policy ascending
vlan access-log ratelimit 2000
!
!
!
interface GigabitEthernet1/1
 description 1stclassroom
 switchport
 switchport trunk encapsulation dot1q
 switchport mode trunk
!
interface GigabitEthernet1/2
 description 2ndclassroom
 switchport
 switchport trunk encapsulation dot1q
 switchport mode trunk
!
interface GigabitEthernet1/3
 description 3thclassroom
 switchport
 switchport trunk encapsulation dot1q
 switchport mode trunk
!
interface GigabitEthernet1/4
 description chuzhong
 switchport
 switchport trunk encapsulation dot1q
 switchport mode trunk
!
interface GigabitEthernet1/5
 description gaozhong
 switchport
```

图 8-16　设备调试截图

8.3　经验总结与问题分析

一套大型规模的综合布线系统，包含了一些综合布线的基本应用知识，需要特殊关注以下几点：

1. 施工前准备

根据工作内容，将施工工具准备齐全，例如：网线钳、美工刀、尖嘴钳子等，以免由于缺少工具影响施工；同时对工程所用线缆器材规格、数量、质量进行检查，无出厂检验证明材料者或与设计不符，不得在工程中使用。

2. 施工期间施工注意事项

主要的工作是线缆和管道敷设，线缆的布放应平直，不得产生扭绞、打圈等现象，不应受到外力的挤压和损伤。布放前双绞线两端套有塑料数码管（穿线号或记号笔标识）。对数电缆或光缆应贴有标签，以表明起始和终端位置，标签书写应清晰、端正和正确。

所敷设暗管（穿线管）应采用铁管或阻燃硬质聚氯乙烯管（硬质 PVC 管）。暗管必须弯曲敷设时，其路由长度应≤15m，且该段内不得有 S 弯。连续弯曲超过两次时，应加装过线盒。所有转弯处均用弯管器完成，为标准的转弯半径。不得采用国家明令禁止的三通四通等。

布放光缆时，光缆盘转动应与光缆布放同步，光缆牵引的速度一般为 15m/min。光缆出盘处要保持松弛的弧度，并留有缓冲的余量，又不宜过多，避免光缆出现背扣。

布线应用暗管，施工时避免因剔凿造成墙面裂缝，敷设时应视管内所穿导线数量的多少而变化，禁止导线将管内空间全部占满。空调、照明、插座应分路控制，电源线距电话线、电视机线距离应大于 50cm，管路应与结构进行固定。所有开关、插座、灯位处均应安装接线盒。

在暗管或线槽中线缆敷设完毕后，宜在信道两端出口处用填充材料进行封堵。槽内线缆布放应顺直，尽量不交叉，在线缆进出线槽部位、转弯处应绑扎固定，其水平部分线缆可以不绑扎。

电缆桥架内线缆垂直敷设时，在线缆的上端和每间隔 1.5m 处应固定在桥架的支架上；由于光纤的纤芯是石英玻璃的极易弄断，所以在施工时绝对不允许超过允许的最小弯曲半径。其次，光纤的抗拉强度比铜缆小，因此在施工时，决不允许超过抗拉强度。为了保证施工的质量，应遵守规定。

1）拉线时每段线的长度不超过 20m，超过部分必须有人接送。

2）在线路转弯处必须有人接送。

线缆在终端前，必须检查标签颜色和数字含义，并按顺序终端。线缆中间不得产生接头现象。线缆终端必须卡接牢固，接触良好。

3. 施工后工作

所有金属线槽盖板、护边均应打磨，不留毛刺，以免划伤电缆。同时需要打扫相应位置的卫生，保证在施工后，在施工现场不遗留施工废材，将相关材料和设备的产品合格证交付给相关工作人员。

4. 线缆端接规范及要求

1）线缆在终端前，必须检查标签颜色和数字含义，并按顺序终端。

2）线缆中间不得产生接头现象。

3）线缆终端必须卡接牢固，接触良好。

4）线缆终端应符合设计和厂家安装手册要求。

5）对绞电缆与插接件连接应认准线号、线位色标，不得颠倒和错接。

6）对绞电缆芯线终端应符合下列要求：

① 终端时每对对绞线应尽量保持扭绞状态，非扭绞长度对于 5 类线不应大于 13mm。

② 剥除护套均不得刮伤绝缘层，应使用专用工具剥除。

③ 对绞线在与信息插座（RJ45）相连时，必须按色标和线对顺序进行卡接。插座类型、色标和编号应符合 EIA/TIA568B 规定。

④ 对绞电缆与 RJ45 信息插座的卡接端子连接时，应按先近后远，先下后上的顺序进行卡接。

7）光缆芯线终端应符合下列要求

① 采用光纤连接和对光缆芯线接续、保护，光纤连接盒可为固定和抽屉两种方式。在连接盒中光纤应能得到足够的弯曲半径。

② 光纤熔接或机械接续处应加以保护和固定，使用连接器以便于光纤的跳接。

③ 连接盒面板应有标志。

④ 跳线软纤的活动连接器在插入适配器之前用酒精棉进行清洁，所插位置符合设计要求。

5. 施工工艺技术的要求

1）检查预埋管是否畅通，管内带丝是否到位，若没有应先处理好。

2）放线前对管路进行检查，穿线前应进行管路清扫、打磨管口（佩戴护口）。

3）所有金属线槽盖板、护边均应打磨，不留毛刺，以免划伤电缆。

4）布放线缆时，线缆不能放成死角或打结，以保证线缆的性能良好，水平线槽中敷设电缆时，电缆应顺直，尽量避免交叉。

5）做好放线保护，不能伤线缆保护套和踩踏线缆。

6）对于有安装天花板的区域，所有的水平线缆敷设工作必须在天花施工前完成；所有线缆不应外露。

7）线缆敷设时，两端应做好标记（或号码管），线缆标记要表示清楚，在一根线缆的两端必须有一致的标识，线标应清晰可读。

8）光缆应尽量避免重物挤压。

9）施工穿线时作好临时绑扎，避免垂直拉紧后再绑扎，以减少重力下垂对线缆性能的影响。主干线穿完后进行整体绑扎，要求绑扎间距≤1.5m。光缆应时行单独绑扎。绑扎时如有弯曲应满足不小于10cm的变曲半径。

10）同轴电缆在安装时要进行必要的检查，不可有损伤屏蔽层。

11）机柜（箱）内接线。

① 按设计安装图进行机架、机柜安装，安装螺栓必须拧紧。

② 机架、机柜安装应与进线位置对准；安装时，应调整好水平、垂直度，偏差不应大于3mm。

③ 机架、机柜、配线架的金属基座都应做好接地连接。

④ 核对电缆编号无误。

⑤ 端接前，机柜内线缆应作好绑扎，绑扎要整齐美观。应留有1m左右的移动余量。

⑥ 剥除电缆护套时应采用专用剥线器，不得剥伤绝缘层，电缆中间不得产生断接现象。

⑦ 端接前须准备好配线架端接表，电缆端接依照端接表进行。

⑧ 来自现场进入机柜（箱）内的电缆首先要进行校验编号，固定，留有余量，不允许有接头，避免相互交叉。

参 考 文 献

［1］ 邓泽国. 综合布线设计与施工［M］. 北京：电子工业出版社，2015.

［2］ 中华人民共和国住房和城乡建设部. 综合布线系统工程设计规范：GB 50311—2016［S］. 北京：中国计划出版社，2017.

［3］ https://baike. baidu. com/item/综合布线.

［4］ 综合布线发展现状及未来趋势. http://www. qianjia. com/html/2017-07_28_273616. html.

［5］ 建筑与建筑群综合布线系统工程设计规范. https://wenku. baidu. com/view/15369ddedc88d0d233d4b-14e852458fb760b3879. html.

［6］ 刘国林，等. 综合布线［M］. 北京：机械工业出版社，2004.

［7］ 综合布线的主要特点. https://wenku. baidu. com/view/678d43bbed630b1c59eeb5f8. html.

［8］ 综合布线系统结构图分解. http://www. elecfans. com/article/80/114/2017/20171130589242_a. html.

［9］ 双绞线. http://www. chem17. com/st377604/product_29559206. html.

［10］ 光纤. https://baike. baidu. com/item/光纤.

［11］ 同轴电缆. https://baike. baidu. com/item/同轴电缆.

［12］ 综合布线系统的设计等级. https://wenku. baidu. com/view/ 295a7aeff8c75fbfc77db242. html.

［13］ 工作区子系统设计. https://wenku. baidu. com/view/. ceea5271168884868762d6f9. html.

［14］ 门禁布线规范和注意事项. https://wenku. baidu. com/view/f1da8f8feff9aef8951e0673. html.

［15］ 综合布线系统的验收与检测. https://wenku. baidu. com/view/1f84a1c4bb0d4a7302768e9951e79b89680268ce. html.